Información legal

© 2023
Autor y editor: M.Eng. Johannes Wild
A94689H39927F
E-Mail: 3dtech@gmx.de

Los datos completos del autor del libro se encuentran en las últimas páginas

Esta obra está protegida por los derechos de autor

Precaución: ¡La corriente eléctrica puede ser mortal!

Prólogo

¡Muchas gracias por elegir este libro!

Atención: este libro es la continuación del libro "Proyectos Arduino con Tinkercad", así como del libro para principiantes "Arduino | paso a paso". Este libro está dirigido a usuarios avanzados de Arduino y, por tanto, requiere algunos conocimientos básicos. Es mejor trabajar con los dos libros mencionados anteriormente antes de empezar con este libro.

En este libro crearemos juntos y paso a paso unos cuantos proyectos complejos y geniales con el microcontrolador Arduino Uno. Al igual que en el libro anterior, utilizaremos el sencillo y gratuito software online Tinkercad de Autodesk para simular y programar los proyectos. En Tinkercad, crearemos el diagrama del circuito de cada proyecto, juntos y paso a paso, crearemos la programación utilizando el método de programación por bloques y simularemos su funcionamiento. En cada uno de los proyectos utilizaremos sensores, por ejemplo, un sensor de fuerza, un sensor de inclinación, un sensor de humedad del suelo o un sensor de luz ambiental y otros componentes. También integraremos actuadores (servomotor, piezo ...) que realizarán una acción específica programada.

Soy ingeniero (M.Eng.) y me gustaría introducirte en los temas de la electrónica, Arduino y la programación basada en bloques con Tinkercad de una forma orientada a la aplicación, lúdica y explicada de forma sencilla mediante proyectos DIY. Para ello, en los dos primeros capítulos de este libro (unas 5 páginas) encontrarás un breve repaso al Arduino y al programa Tinkercad. Si necesitas una introducción más detallada, deberías echar un vistazo a los libros anteriores de esta serie. A continuación, cinco proyectos más complejos que pondremos en práctica juntos y paso a paso (componentes, diagrama del circuito, cableado, programación). ¡Empecemos!

Índice de contenidos

1 Alcance del aprendizaje

Lo que puedes esperar de este libro y lo que aprenderás

En esta guía encontrarás cinco emocionantes y estupendos proyectos que haremos juntos, paso a paso. Estos proyectos son un poco más complejos, ya que este libro está destinado a estudiantes avanzados. Para los proyectos electrónicos utilizamos el microcontrolador Arduino y el software Tinkercad de Autodesk. En los dos primeros capítulos encontrarás un breve repaso al Arduino y al programa Tinkercad (unas 5 páginas). Si necesitas una introducción más detallada, deberías echar un vistazo a los libros anteriores de esta serie, cuyos títulos se mencionan en el prefacio.

En este libro también se te pedirá en algunos lugares que realices pasos individuales o incluso un proyecto completo por tu cuenta. La solución seguirá en las páginas siguientes. Intenta poner en práctica estas indicaciones, ¡así aprenderás mejor!

<u>Este libro contiene los siguientes proyectos:</u>

- Proyecto de bricolaje 1: Faros plegables para coche con luz de cruce automática
- Proyecto de bricolaje 2: Sistema de alarma complejo con varios sensores
- Proyecto de bricolaje 3: Seguimiento y cuidado de las plantas
- Proyecto de bricolaje 4: Ayuda al aparcamiento y control del aire del garaje
- Proyecto de bricolaje 5: Mini Piano

2 ¿Qué es un Arduino? | Refrescar viejos conocimientos

En pocas palabras, un Arduino no es más que un pequeño y muy sencillo mini PC o microcontrolador que es capaz de recibir señales de entrada, procesarlas internamente y luego convertirlas en las correspondientes señales de salida. Una señal de entrada podría ser, por ejemplo, la luz del sol cayendo sobre un sensor. La señal de salida correspondiente podría, por ejemplo, controlar un motor (ciego). Hay diferentes modelos de Arduino. Para nuestros proyectos en este libro, sólo necesitamos el Arduino UNO (https://www.arduino.cc/en/main/products).

¿Cómo funciona un Arduino? El principio básico de todo PC es el sistema binario basado en los dos números "0" (OFF) y "1" (ON). La comunicación se realiza en un PC con combinaciones de estos dos números. Exactamente este principio se utiliza también en el Arduino. Los dos números binarios están representados aquí por las tensiones 5V (valor "1" o "HIGH") y 0V (valor "0" o "LOW"). Cada pin de una placa Arduino recibe un número o una denominación. Hay varios pines digitales y analógicos que pueden recibir y enviar señales. Puedes conectar sensores u otros componentes, como un motor, a estos pines. La placa funciona con corriente continua de 5V. El Arduino también tiene un procesador que se puede programar para ejecutar los comandos deseados.

3 ¿Qué es Tinkercad? | Refrescar viejos conocimientos

Tinkercad es una plataforma online de la empresa Autodesk donde puedes realizar proyectos de carácter técnico. El término "Tinker" es inglés y significa algo así como juguetear o trastear. "CAD" significa "Computer Aided-Design" (diseño asistido por ordenador. Con Tinkercad, puedes trabajar en proyectos de electrónica, programar y también crear objetos en 3D. La creación de objetos 3D no forma parte de este libro.

Como Tinkercad es un software en línea, <u>no</u> puedes ni tienes que descargar el software, sino que simplemente puedes trabajar en tu navegador preferido. Además, Tinkercad se puede utilizar de forma gratuita. Por su aspecto, el grupo objetivo de Tinkercad es principalmente niños y jóvenes. Sin embargo, en mi opinión, el programa también es muy adecuado para los adultos, especialmente si eres principiante. Es precisamente esta sencillez la que ofrece muchas ventajas y un rápido éxito a la hora de abordar la creación de objetos 3D o circuitos electrónicos.

Todos los proyectos se almacenan en la nube, por lo que puedes acceder a ellos desde cualquier lugar con un ordenador, teléfono móvil o tableta a través de Internet.

Crea una cuenta y empieza

Antes de empezar a crear nuestros proyectos, tenemos que crear una cuenta en el sitio web www.tinkercad.com. Si ya tenemos una cuenta en Autodesk, también podemos utilizarla para iniciar la sesión. Por lo demás, podemos registrarnos con una cuenta de Google o de Apple o, de forma bastante clásica, con una dirección de correo electrónico.

En cuanto te hayas conectado, podrás ver y copiar el proyecto online en Tinkercad utilizando el enlace correspondiente del proyecto (encontrarás el enlace al principio del capítulo "Componentes necesarios"). Sin embargo, es mejor hacerlo sólo después de haber creado los proyectos tú mismo, o sólo si estás atascado en un punto determinado. De lo contrario, no tendrás un buen efecto de aprendizaje.

Para diseñar circuitos electrónicos en Tinkercad, tenemos que estar en el área "Designs" **(2)** de la página de inicio **(1)**.

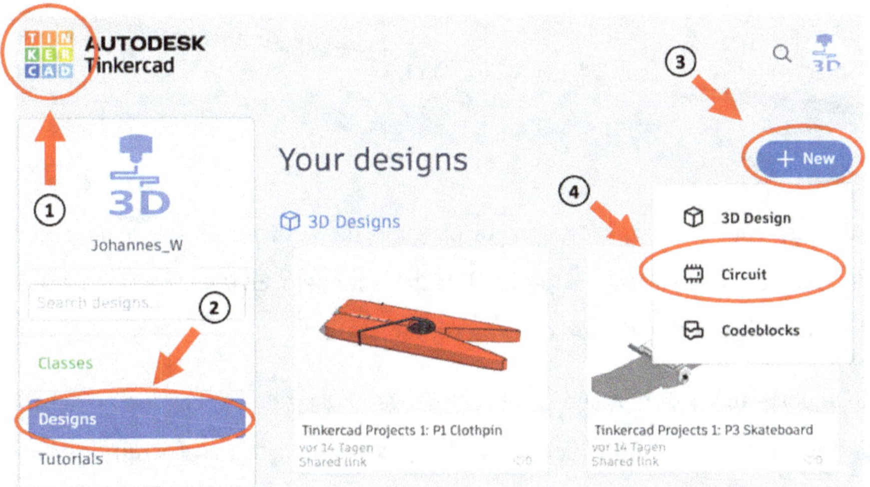

Aquí podemos crear un nuevo circuito con "+ New" **(3)** y "Circuit" **(4)**.

En cuanto hayamos creado un nuevo proyecto "Circuit", se abrirá el espacio de trabajo para crear circuitos electrotécnicos.

La zona gris es nuestro nivel de trabajo donde diseñamos nuestros circuitos. Con la ayuda de la rueda del ratón, puedes utilizar aquí la función de zoom. También puedes mover los componentes manteniendo pulsado el botón izquierdo del ratón, manteniendo pulsado el botón derecho del ratón o manteniendo pulsada la rueda del ratón.

En el lado derecho están todos los componentes electrónicos disponibles, por ejemplo, un LED, una resistencia, un interruptor, un condensador o una batería.

También hay una función de búsqueda y la opción de mostrar componentes adicionales (cambiar de "Basic" a "All" en el menú desplegable).

Además, puedes cambiar a otra disposición, la vista de lista, con el pequeño símbolo de lista en la parte superior derecha. Pruébalo. En la vista de lista, también tienes una breve descripción de cada componente.

En la parte superior derecha, puedes mostrar el diagrama del circuito o la lista de piezas del proyecto. Con "Code" puedes pasar a la vista de programación y con "Start Simulation" puedes probar virtualmente el funcionamiento del proyecto.

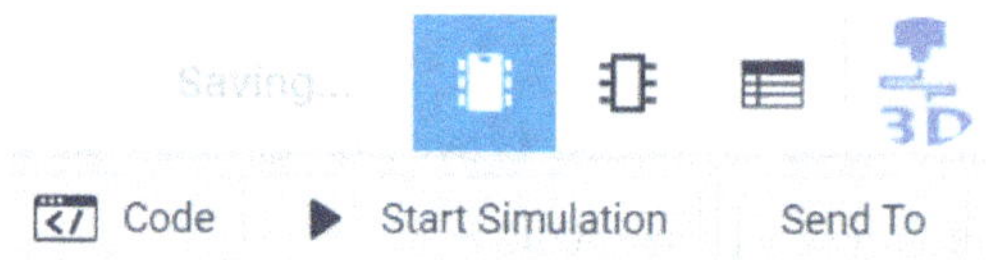

¡Fantástico! Ahora hemos refrescado brevemente nuestros conocimientos previos sobre el Arduino y Tinkercad y podemos empezar a adquirir nuevos conocimientos. A continuación lo haremos de forma lúdica utilizando los proyectos ilustrativos de bricolaje. Al igual que en la primera parte de esta serie de libros, volveremos a trabajar principalmente con la programación basada en bloques en Tinkercad, ya que ofrece un enfoque sencillo y estupendo. Sin embargo, de vez en cuando también echaremos un vistazo al código basado en texto. ¡Vamos!

4 Proyecto 1 | Faros plegables con luz de cruce automática

Para este proyecto, nos imaginamos la luz de cruce de un coche. En un coche moderno, la luz de cruce se enciende y apaga en función de la luz ambiental. Por ejemplo, la luz de cruce se enciende cuando oscurece en el exterior y se apaga cuando hay luz en el exterior. Dependiendo del diseño, esto también ocurre al entrar o salir de un túnel. Queremos simular esta función con un Arduino en nuestro primer proyecto. Para ello, utilizamos un sensor de luz ambiental. Un sensor de luz ambiental controla la luz que incide sobre el sensor y nos informa de si hay luz u oscuridad en el entorno. Por cierto, este sensor también está incorporado en la mayoría de los smartphones modernos para que el brillo de la pantalla se ajuste automáticamente a la luz ambiental.

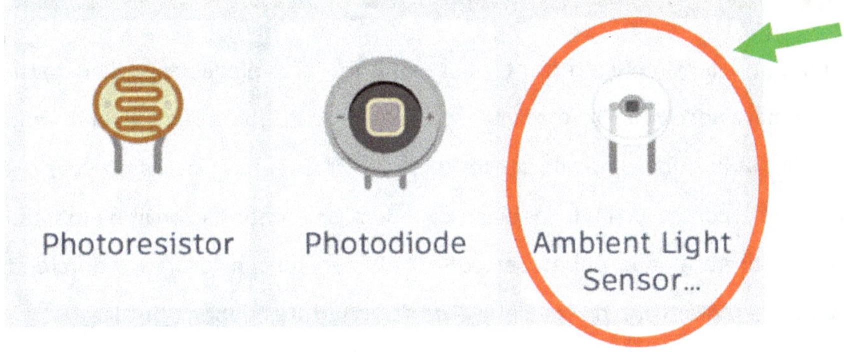

Pero ahora no sólo queremos que las dos luces bajas, simbolizadas en nuestro proyecto por dos LEDs blancos, se enciendan o apaguen cuando oscurezca o haya luz, sino que incluso queremos controlar el brillo de los LEDs en función de la luz ambiental. Esto significa que los LEDs deben brillar más cuando esté más oscuro en el exterior y sólo brillar muy débilmente cuando haya luz en el exterior. Entre medias, la luminosidad debe variar continuamente.

El brillo actual de los LEDs también se mostrará en el salpicadero del coche mediante una pantalla LCD. Cuando los LEDs están a pleno rendimiento, es decir, cuando está más oscuro en el exterior, la pantalla debe rellenarse como sigue: ##########, por el contrario, cuando los LEDs están poco iluminados, sólo unos pocos: ## debería aparecer.

Para hacer el proyecto un poco más complejo, no queremos instalar en nuestro coche unas simples luces de cruce, sino unas luces plegables. Este tipo de faro se encuentra a veces en los coches deportivos más antiguos. Estos faros se abren al pulsar un interruptor.

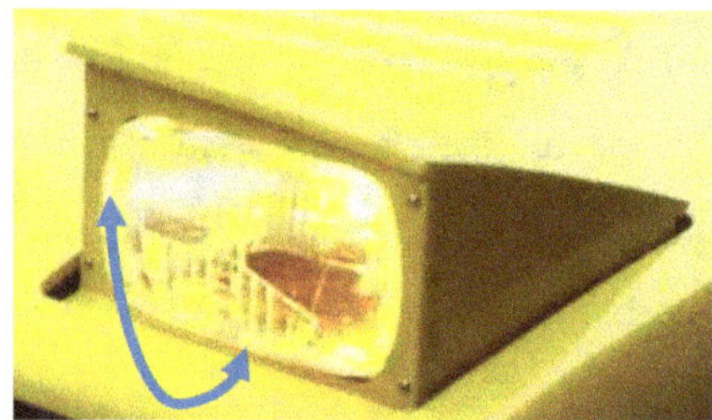 

Sin embargo, un simple interruptor para abrir los faros plegables sería demasiado sencillo para nosotros. Preferiríamos que este proceso fuera también automático. Para ello, utilizamos el mismo sensor de luz ambiental que ya nos proporciona la señal para el control de las luces de cruce. Además, a continuación implementamos dos servomotores que deben ser controlados en función de la luz ambiental y ejecutan el mecanismo de las aletas. Los servomotores deben abrir las aletas con un movimiento de 90º en cuanto la luz ambiental se oscurezca y volver a cerrarlas en cuanto haya suficiente luz. Por tanto, la trampilla debe abrirse en cuanto anochezca en el exterior y cerrarse de nuevo en cuanto haya luz en el exterior.

Esto parece un poco más complejo al principio, sobre todo porque hay que ejecutar varios procesos al mismo tiempo. Pero no te preocupes, encontraremos juntos una solución, paso a paso y en detalle. Veamos primero qué componentes necesitamos para este proyecto, cómo debemos cablearlos y luego pasaremos a la programación.

4.1 Componentes necesarios

Enlace al proyecto Tinkercad: https://bit.ly/3Rgdnel

Número	Designación
1	Arduino Uno
1	Tablero de pruebas (Breadboard small)
1	Sensor de luz ambiental (ambient light sensor)
2	LEDs (blanco)
2	Resistencias de 100 Ω para los LEDs
1	Resistencia de 80 kΩ para el sensor de luz ambiental
2	Servomotor
1	Pantalla LCD 16×2 **(basada en I2C y MCP23008)**

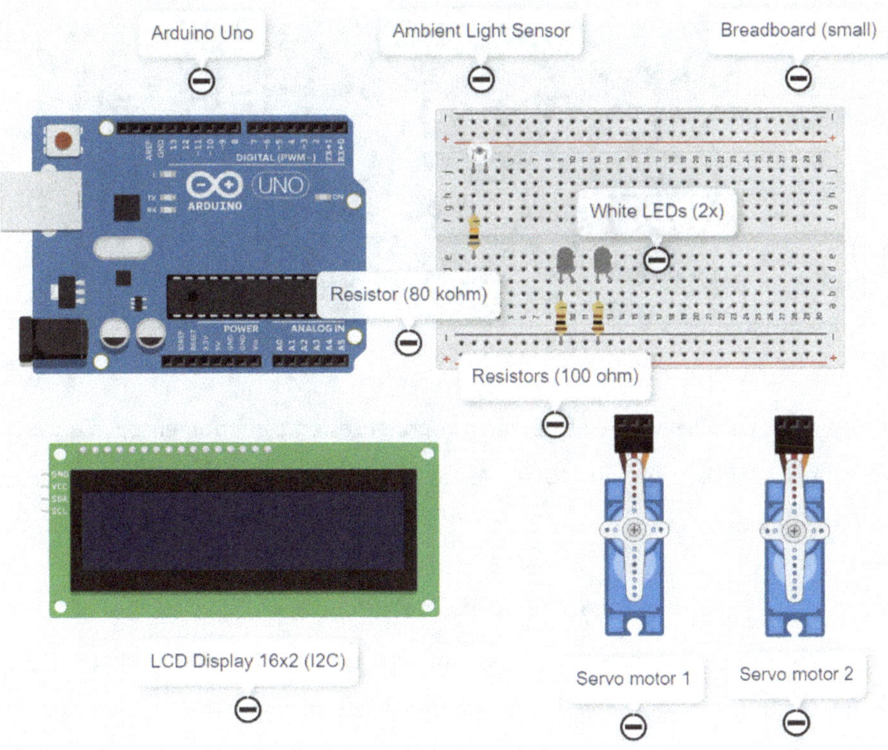

Notas sobre la pantalla LCD 16×2 (I2C):

En este proyecto utilizamos una pantalla LCD de 16 filas y 2 líneas (16×2) de tipo I2C. I2C significa "Inter-Integrated Circuit" y representa un método de comunicación. En comparación con la pantalla LCD de 16×2 normal también disponible sin la adición de I2C, es más fácil de cablear porque sólo tiene cuatro en lugar de dieciséis conexiones. Dos de las cuatro conexiones de la pantalla I2C son para la alimentación (GND "-" y VCC "+"), por lo que sólo se necesitan dos conexiones para la comunicación de datos (SDA y SCL). El conector SCL recibe la señal de reloj y el conector SDA transmite los bits de datos. El tipo será una pantalla basada en el MCP23008 (haz clic en Pantalla).

No hay más detalles sobre los demás componentes en este momento, ya que son resistencias, LEDs y servomotores. Ya los hemos tratado suficientemente en el primer libro de la serie.

4.2 El diseño del circuito

En este capítulo diseñaremos el diagrama del circuito de nuestro sistema o lo examinaremos más de cerca. Veamos primero la vista esquemática del diagrama del circuito requerido. En el siguiente paso, construiremos el circuito 1:1.

Esquema del circuito:

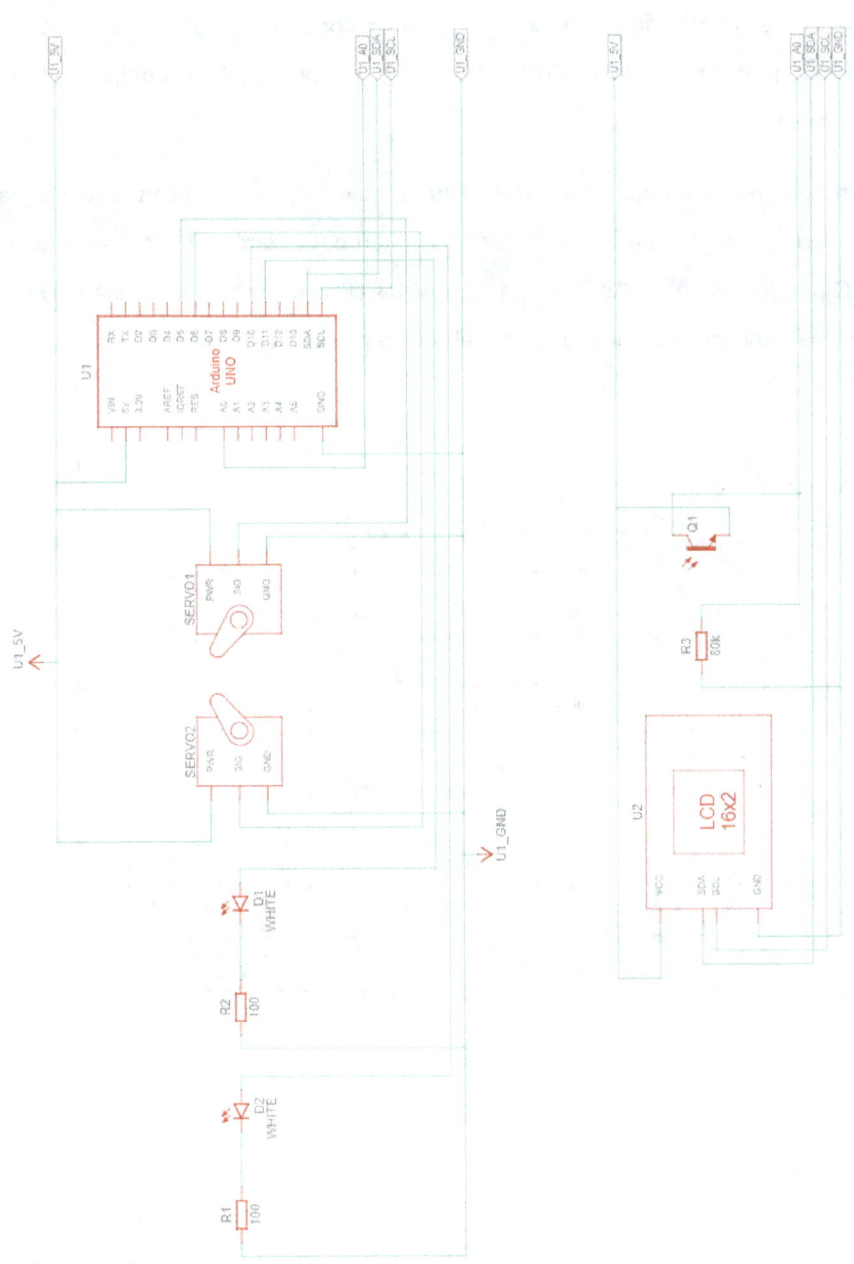

Para construir el circuito en Tinkercad, empezamos con la protoboard como punto de partida en el centro del circuito. Para ello, cambiamos de "Basic" a "All" en la barra de menú de la derecha, en "Componentes", para tener todos los componentes disponibles. Como alternativa, también podemos utilizar la función de búsqueda.

Primero necesitamos un sensor de luz ambiental, que colocamos en la parte superior izquierda de la protoboard. También necesitamos una resistencia de 80 kΩ para este sensor. Además, añadimos dos LEDs blancos (selecciona el LED rojo en los componentes y luego cambia el color a blanco), cada uno con una resistencia de 100 Ω.

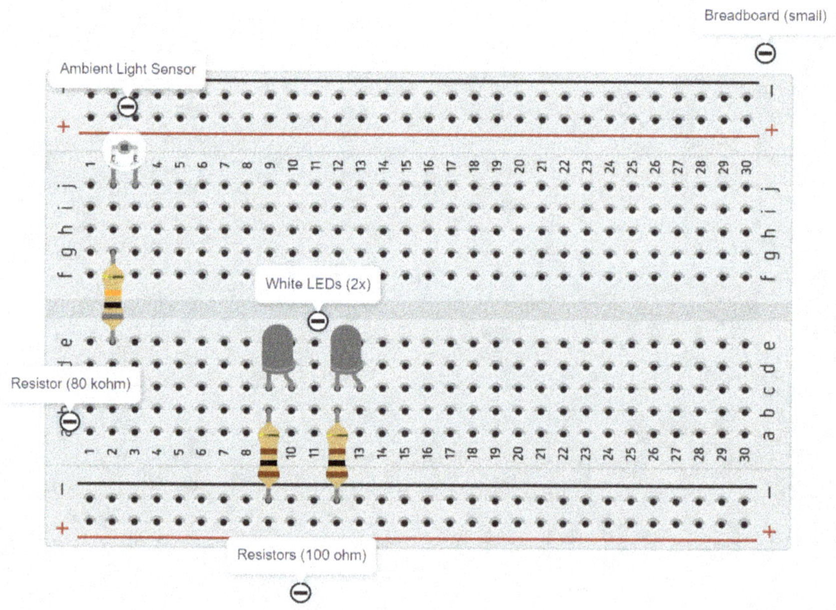

En el siguiente paso, colocamos un Arduino Uno a la izquierda de la protoboard y conectamos los componentes que hemos colocado hasta ahora. Para ello, hacemos una conexión azul desde el sensor de luz ambiental a la entrada analógica A0 del Arduino. Esta conexión nos proporciona la señal. Nuestro sensor de luz ambiental es un simple fototransistor (combinación de fotodiodo y transistor; para

14

corrientes más altas en comparación con el fotodiodo), que tiene una conexión de emisor (E) y una conexión de colector (C). Conectamos el polo positivo (5V) de nuestra fuente de alimentación (placa Arduino) al emisor (E) y el polo negativo (GND) mediante la resistencia al colector del sensor. Los LEDs ya están conectados al polo negativo de la placa para la correcta colocación de las resistencias en su cátodo (-). Conectamos los dos ánodos de los LEDs (+) al pin 10 y 11 del Arduino, respectivamente. Por último, alimentamos la protoboard colocando un cable negro entre "GND" y "-" y un cable rojo entre 5V y "+".

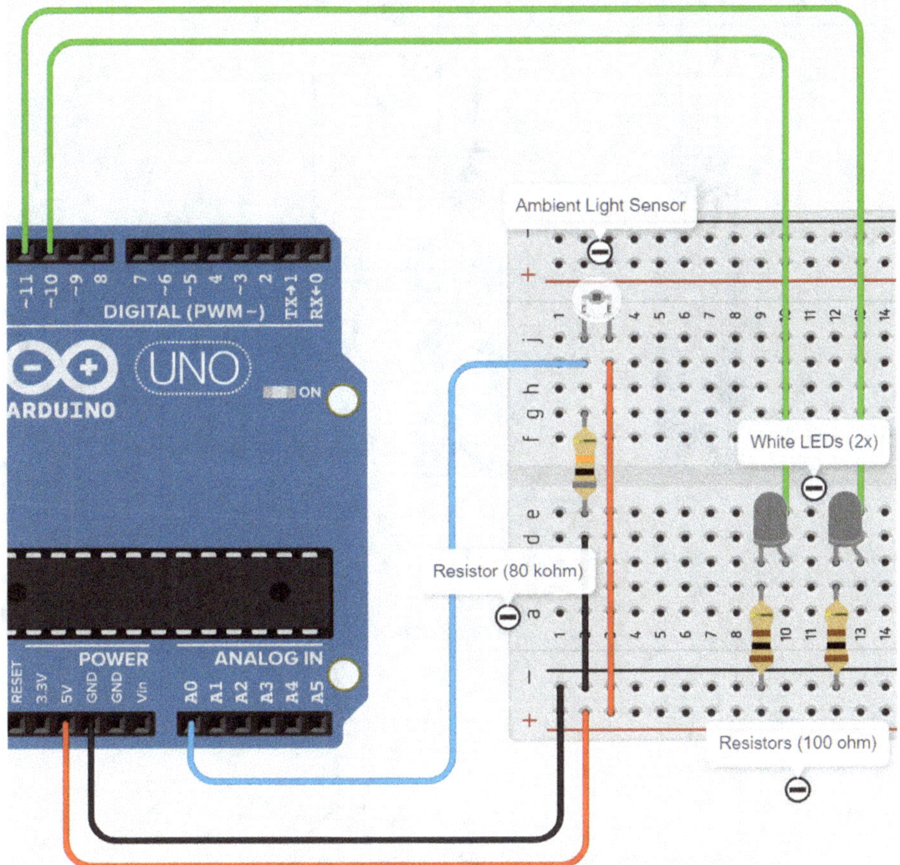

Ahora nos faltan las conexiones entre el Arduino y la pantalla, así como las conexiones para los servomotores. Los servomotores tienen tres conexiones. Dos de ellos son para la alimentación (VCC: "+" y GND: "-") y uno de ellos es para la señal de control. Conectamos los servomotores a la fuente de alimentación de la protoboard y conectamos una línea de señal de color violeta cada una a los pines 5 y 6 del Arduino. También conectamos primero la pantalla a la fuente de alimentación de la protoboard. Conectamos las dos líneas de señal (SDA y SCL) al Arduino en la parte superior izquierda (junto a los PIN digitales y GND y AREF). Estos dos pines del Ardunio están destinados a SDA y SCL, pero lamentablemente no están etiquetados aquí (hay una etiqueta en el diagrama del circuito).

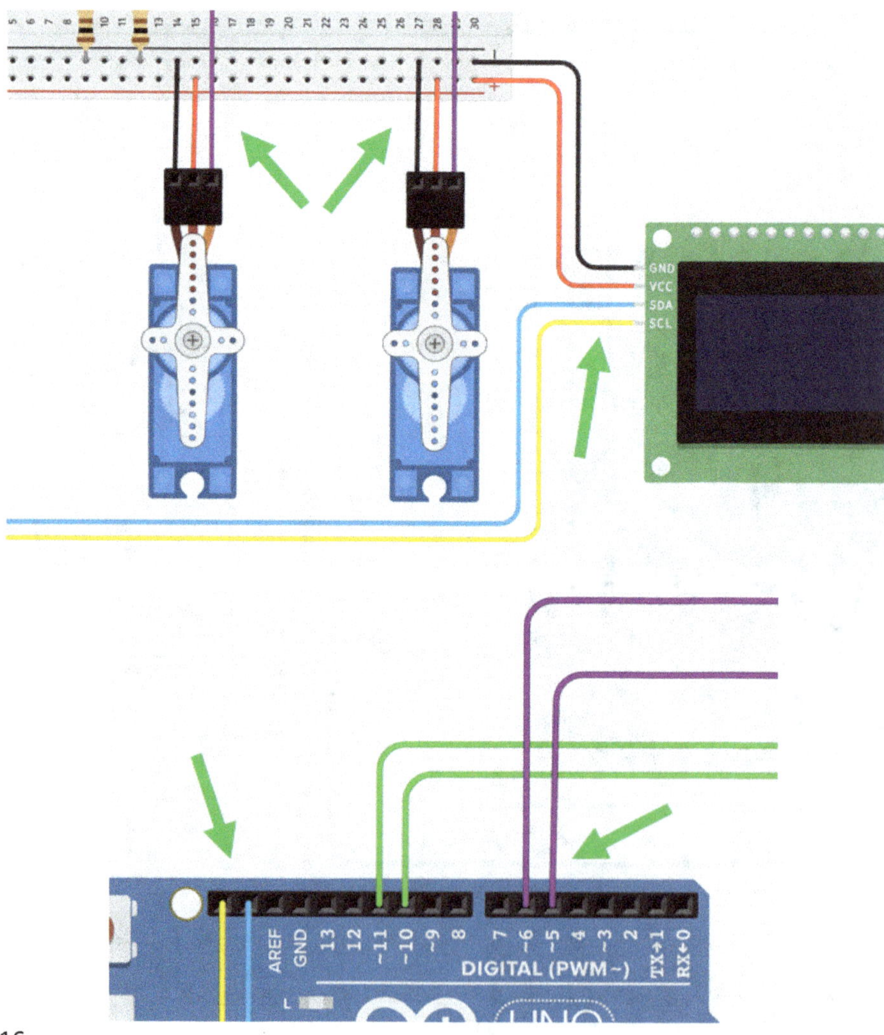

Esquema eléctrico completo:

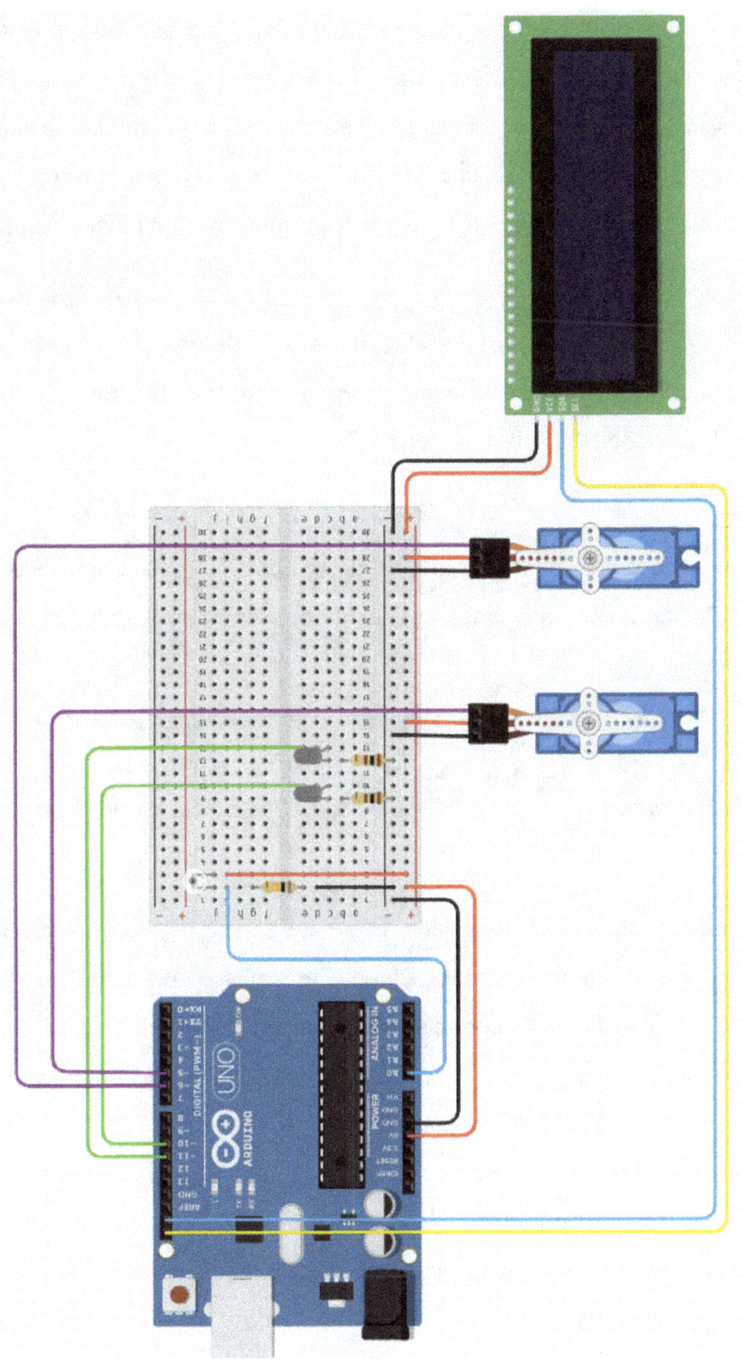

4.3 Desarrollo del código del programa

Después de haber cableado con éxito nuestro primer proyecto, el siguiente paso es hacer la programación necesaria. Como ya hemos dicho, utilizamos la programación por bloques en Tinkercad. Para empezar a programar, pasamos a la ventana de programación de la parte superior derecha con el botón "Code". Además, seleccionamos "Blocks" en el menú desplegable y eliminamos todos los bloques existentes.

Como ya aprendimos en el primer libro de la serie, la programación basada en bloques puede consistir básicamente siempre en tres bloques: "title block comment" (opcional), "on start" y "forever".

Paso 1:

En el primer paso creamos el bloque de título opcional (que se encuentra en la categoría "Notation") y escribimos en él el texto "automatic headlights".

Paso 2:

En el segundo paso, añadimos un bloque llamado "on start", que se encuentra en la sección "Control" de Tinkercad. Este bloque es similar a la sección "Setup" de un código simple de Arduino. El bloque se utiliza para ejecutar una determinada línea de código sólo una vez al inicio del programa. ¿Qué código necesitamos ejecutar sólo una vez en este proyecto? La inicialización de la pantalla LCD. Lo hacemos con el comando "configure LCD" de la categoría "Output". Como sólo tenemos una pantalla LCD, tiene el número 1 y la dirección 32. El tipo de pantalla es: I2C MCP23008. Podemos encontrar esta información haciendo clic en la pantalla. También podemos cambiarlas aquí como queramos. No siempre mostraré los bloques anteriores en lo que sigue para una mejor visión, simplemente puedes colocar los bloques debajo del bloque anterior.

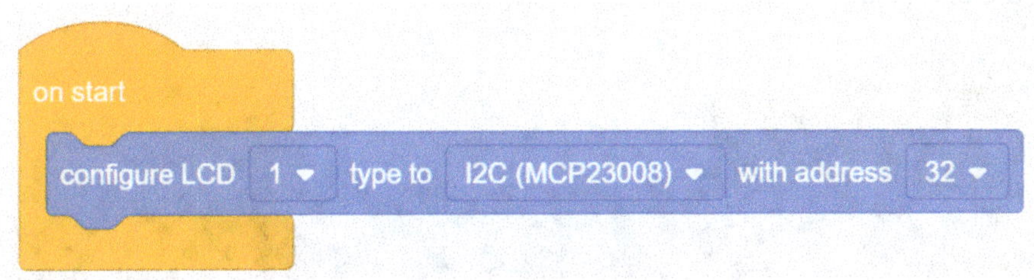

Paso 3:

A continuación, creamos las tres variables de la categoría "Variables": "light_val", "control" y "level".

A partir de aquí -si quieres- también puedes cambiar a la vista "Blocks + Text" en el menú de selección, para que veas no sólo el código del bloque sino también el del texto. Por un lado, esto puede ser confuso -en cuyo caso es mejor volver a cambiar- , pero por otro lado te proporciona más información.

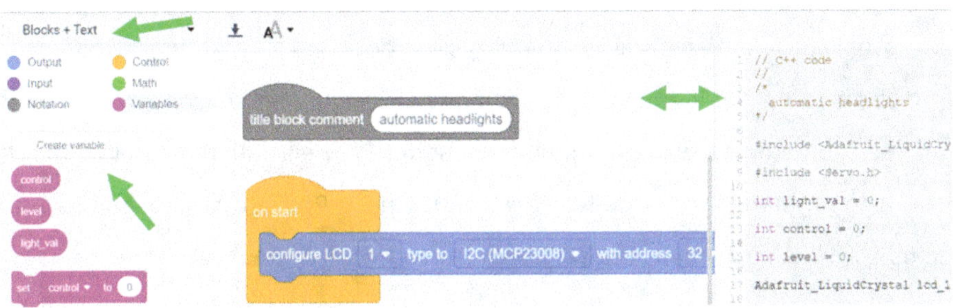

Paso 4:

Ahora necesitamos un bloque "forever" que contenga el código a ejecutar en un bucle (análogo al bucle void () en el código basado en texto).

Como primero necesitamos una señal con la que podamos controlar algo después, el primer paso aquí es leer el valor del sensor de luz ambiental. Lo hacemos con la "read analog pin A0" (pin de conexión del sensor). En el mismo paso, queremos asignar el valor a la variable "light_val" con "set ... to ...". Luego tenemos que convertir el valor analógico que nos da el sensor (rango 0 a 1023) en un valor digital (0 a 255). Lo hacemos con la función "map ... to range ..." de la categoría "Math". Para ello utilizamos la nueva variable "control".

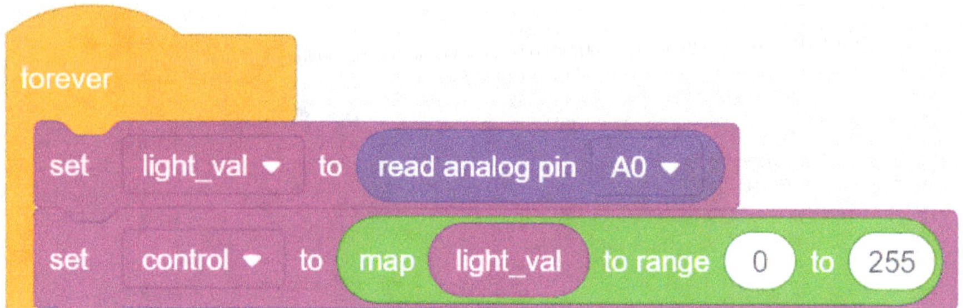

Si quieres saber más sobre la función "map ()" u otras funciones, puedes leer la descripción detallada de cada función en línea, directamente en arduino.cc. Aquí tienes el enlace a la función "map":

https://www.arduino.cc/reference/en/language/functions/math/map/

Paso 5:

En este paso implementamos una opción de control para nosotros como programadores. Por ejemplo, queremos que el valor que el sensor está midiendo en ese momento se envíe al monitor en serie. Para ello utilizamos el comando "print to serial monitor..." de la categoría "Output". Por cierto, actualmente y en lo que sigue seguimos en la zona "forever".

A continuación, el valor del sensor de luz se nos muestra en el monitor en serie de la siguiente manera (Valor de la luz:→ valor medido analógico→ valor digital):

```
Serial Monitor
Light Value :   4/1
117
Light Value :   471
117
Light Value :   1009
251
```

Paso 6:

A continuación, realizamos el cálculo de los valores de nuestros LEDs. Recordemos brevemente cómo funciona esto. Queremos que los LEDs brillen más cuando esté más oscuro en el exterior. ¿Cómo podemos ponerlo en práctica? Con una ecuación matemática muy sencilla. Podemos controlar los LEDs con los pines de salida digital 10 u 11 con un valor entre 0 y 255 (0 = sin flujo de corriente, 255 = flujo de corriente máximo). Ahora simplemente restamos el valor que entrega nuestro sensor (tras la conversión al rango digital). Esto significa que los LEDs se controlan con 255 - valor del sensor (variable: "control" para el valor digital). Cuando está oscuro, el sensor proporciona el valor 0, es decir, 255 - 0 = 255 (los LEDs brillan al máximo). Cuando hay luz en el exterior, el sensor proporciona el valor analógico 1023, que convertimos en 255 con "map". Esto significa: 255 - 255 = 0 (los LEDs no se encienden). Y en el intervalo intermedio, se produce un control continuo. ¡Esto es exactamente lo que queríamos! En códigos de bloque, se ve así:

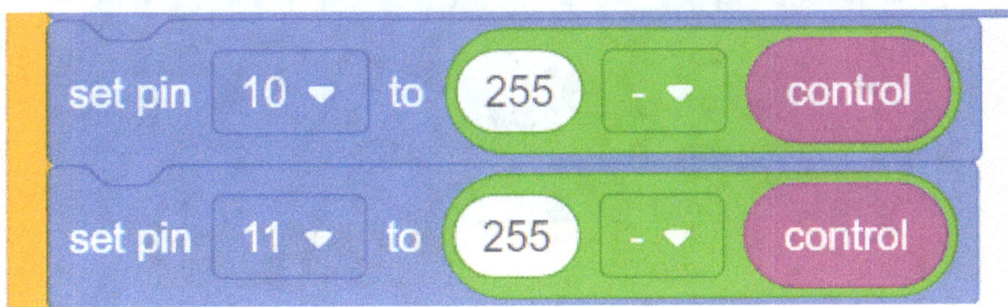

Paso 7:

Ya hemos implementado la luz de cruce automática. Ahora nos ocupamos de los dos servomotores que van a controlar el mecanismo de plegado de nuestros faros.

Para ello necesitamos una condición "if ... else". Queremos que los faros plegables se abran a una determinada luminosidad. Para ello utilizamos la variable "control", que nos da el valor de luminosidad (0-255). Ahora podemos definir un valor a partir del cual las luces plegables deben abrirse, puede ser el valor "100", por ejemplo. Pero también puedes elegir un valor diferente si éste es demasiado oscuro o demasiado brillante para ti. El siguiente bloque de código debe decir ahora lo siguiente: Si el valor de la luminosidad supera el valor de 100, los dos servomotores deben girar hasta la posición de 90° (también podrías utilizar cualquier otro valor, por ejemplo, 180°). En caso contrario (es decir, si el valor se mantiene por debajo de 100), los servomotores deben girar a la posición 0°. Intenta poner en práctica tú mismo esta condición "if ... else" antes de echar un vistazo a la imagen (la solución).

Paso 8:

¡Super! Ahora ya casi hemos terminado. Lo que sigue faltando es la indicación de la intensidad luminosa de los LED en la pantalla, que podríamos fijar en el salpicadero del coche, por ejemplo. Para ello, tenemos que determinar, por un lado, la posición del texto mostrado en la pantalla y, por otro, el texto que se va a mostrar. Lo hacemos con "set position on LCD..." e "print to LCD...". Para que la intensidad se muestre en forma de uno o varios símbolos "#", primero debemos clasificar el valor del sensor de luz ambiental con la ayuda de la variable "level" y la función "map" (similar al paso 4). Queremos mostrar 16 símbolos "#" cuando los LEDs estén a plena luminosidad, así que tenemos que convertir los valores de los sensores al rango de 16 a -1. Necesitamos el -1 para que no aparezca ningún símbolo "#" cuando los LEDs estén apagados o la luz ambiental esté al máximo. Con 0 en lugar de -1, seguiría apareciendo el símbolo "#".

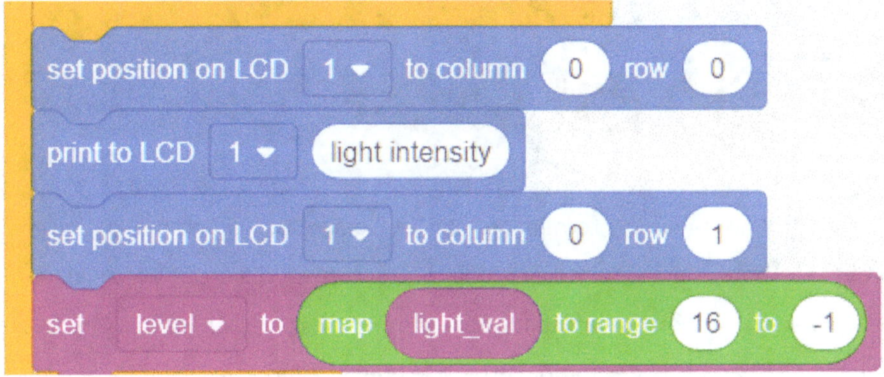

Paso 9:

En este último paso, ahora implementamos dos bucles "for" que nos permiten mostrar la intensidad graduada en la pantalla. Para ello, utilizamos dos veces el bloque de código "repeat" de la sección "Control". Esto es comparable a un bucle "for" en un código basado en texto. Queremos mostrar un símbolo "#" ("print to LCD...") mientras la variable de recuento interna esté por debajo del valor de la variable "level". En términos sencillos, esto significa que primero se muestra un símbolo #, luego se añade otro símbolo, es decir: ## y luego ###, y así sucesivamente, hasta que el número de símbolos (variable interna de recuento) se corresponda con el valor de la variable "level" (intensidad de luz ambiental convertida). Para invertir este proceso cuando la luminosidad del LED sea menor, restamos un símbolo "#" en otro bucle "for" ("repeat...") hasta que la pantalla se corresponda con el valor de la variable.

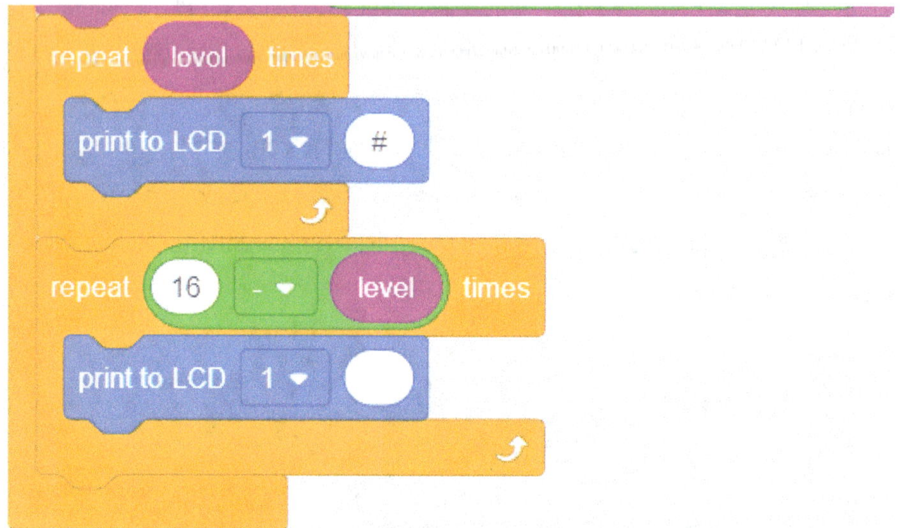

¡Perfecto! Ahora hemos terminado con el código del programa del primer proyecto. Ahora es el momento de probar el proyecto en Tinkercad. Para ello, inicia la simulación con el botón "Start Simulation" y haz clic en el sensor de luz ambiental. Aparece un deslizador con el que puedes simular la intensidad de la luz ambiental. Mueve el deslizador (lentamente) de izquierda a derecha y, tras una pausa, de derecha a izquierda, y observa lo que ocurre. El sistema reacciona con un poco de retraso, por lo que tienes que esperar unos segundos hasta que, por ejemplo, se actualicen los valores de la pantalla. A continuación encontrarás el código del programa en una vista general:

title block comment   automatic headlights
on start
configure LCD   1 ▾   type to   I2C (MCP23008) ▾   with address   32 ▾
forever
set   light_val ▾   to   read analog pin   A0 ▾
set   control ▾   to   map   light_val   to range   0   to   255
print to serial monitor   Light Value: without ▾   newline
print to serial monitor   light_val   with ▾   newline
print to serial monitor   control   with ▾   newline
set pin   10 ▾   to   255   - ▾   control
set pin   11 ▾   to   255   - ▾   control
if   control   ≥ ▾   100   then
rotate servo on pin   5 ▾   to   90   degrees
rotate servo on pin   6 ▾   to   90   degrees
else
rotate servo on pin   5 ▾   to   0   degrees
rotate servo on pin   6 ▾   to   0   degrees
set position on LCD   1 ▾   to column   0   row   0
print to LCD   1 ▾   light intensity
set position on LCD   1 ▾   to column   0   row   1
set   level ▾   to   map   light_val   to range   16   to   -1
repeat   level   times
print to LCD   1 ▾   #
repeat   16   - ▾   level   times
print to LCD   1 ▾

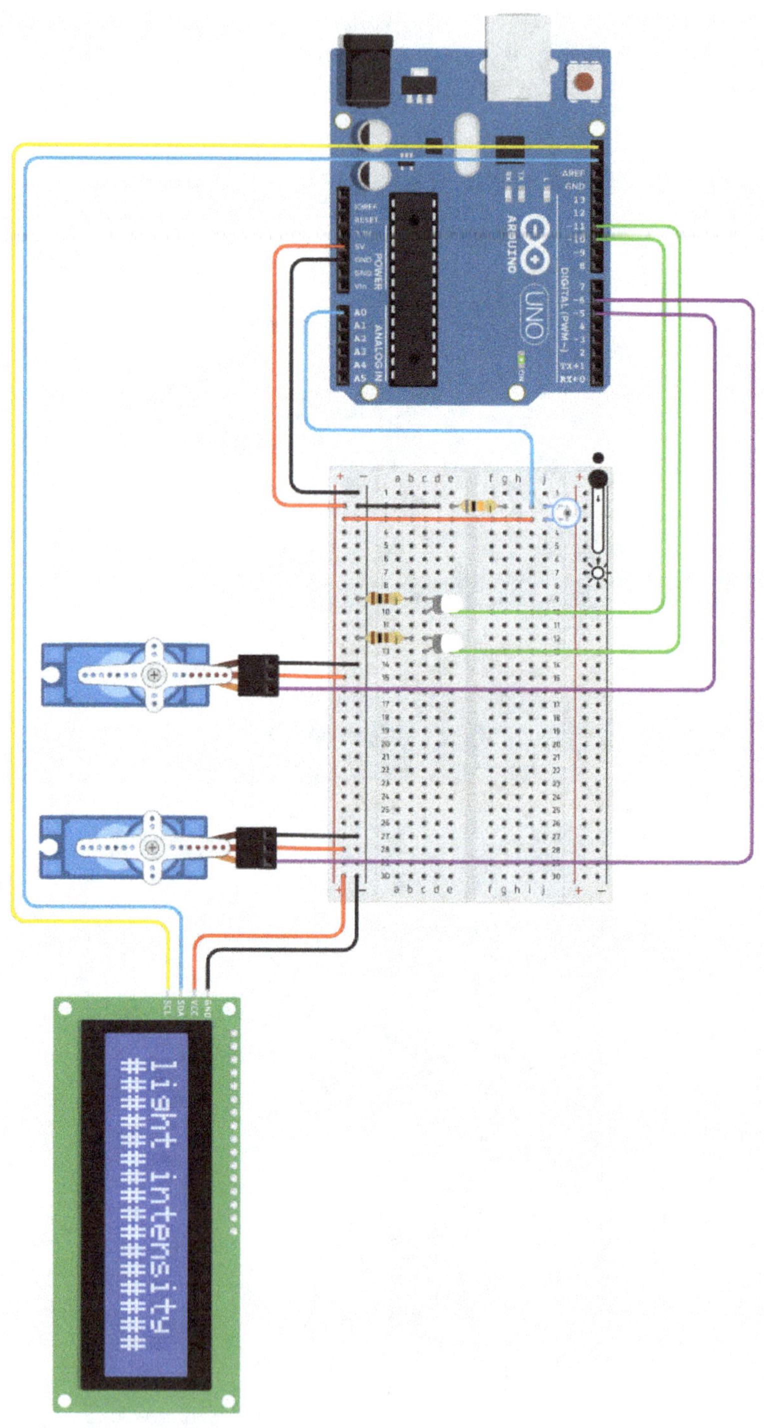
light intensity

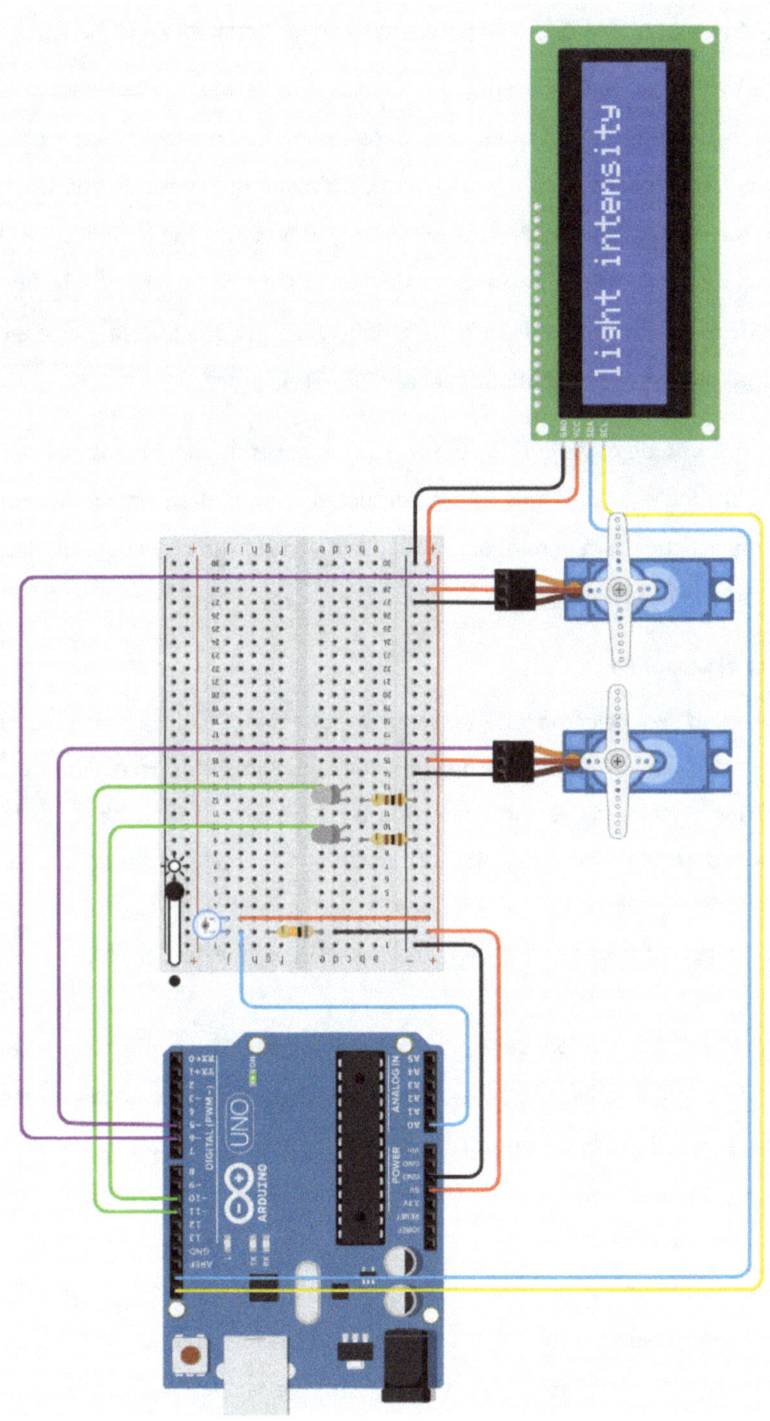
light intensity

5 Proyecto 2 | Sistema de alarma con varios sensores

En este proyecto desarrollaremos un sistema de alarma. Utilizaremos dos tipos diferentes de sensores para detectar a los ladrones. En primer lugar, queremos implementar dos sensores de movimiento, cada uno de los cuales puede detectar el movimiento en una habitación distinta. En segundo lugar, utilizaremos dos sensores de fuerza que envían una señal en cuanto se les aplica una fuerza. El sensor de fuerza podría estar bajo un felpudo cerca de una puerta, por ejemplo, y en cuanto el ladrón pise el felpudo, el sensor lo registrará.

Si al menos uno de estos cuatro sensores (2 sensores de movimiento y 2 sensores de fuerza) o incluso dos o más de ellos detectan una señal, se activará una alarma. La alarma acústica será generada por un piezo y la alarma óptica por un parpadeo alternado de dos LEDs rojos.

Refresca el sensor PIR:

Un sensor PIR ("Pyroelectric Infrared Sensor" o también "Passive Infrared Sensor") es un dispositivo semiconductor que puede detectar movimientos. En realidad, el sensor detecta los cambios de temperatura, que a su vez provocan cambios de tensión. Cuando se detecta un ser vivo (calor corporal) u otra fuente de calor dentro del rango de detección, el sensor proporciona una señal digital "HIGH" (5V). Veremos cómo utilizar las tres conexiones en un momento con el diagrama del circuito.

Sin embargo, la alarma sólo debe dispararse cuando se active el sistema de alarma. La activación o desactivación debe ser posible introduciendo un código. En el caso de la programación por bloques, introduciremos este código a través del monitor de serie, ya que un "keypad" con códigos de bloque no es tan fácil de programar. Sin embargo, al final del proyecto veremos cómo complementar un "keypad" para introducir el código con una programación basada en texto. Además, hay dos LEDs (verde y rojo) para indicar el estado del sistema de alarma. El LED verde se iluminará cuando el sistema esté activo y el LED rojo se iluminará cuando el sistema de alarma esté desactivado. Además, la pantalla acompañará el proceso de activación y desactivación con un texto (introducir código; sistema activo; introducir código; sistema no activo). El código para activar el sistema de alarma debe ser, por ejemplo, 0378493, y el código para desactivarlo, 2047291. Sin embargo, también puedes aplicar cualquier otro código.

5.1 Componentes necesarios

Enlace al proyecto Tinkercad: https://bit.ly/3yqcJCi

Número	Designación
1	Arduino Uno
1	Tablero de pruebas (Breadboard small)
2	Sensor de fuerza (force sensor)
2	Detector de movimiento (PIR sensor)
6	Resistencias de 1 kΩ
1	Piezo
1	Pantalla LCD 16×2 **(basada en I2C y MCP23008)**
4	LEDs (3x rojos y 1x verdes)

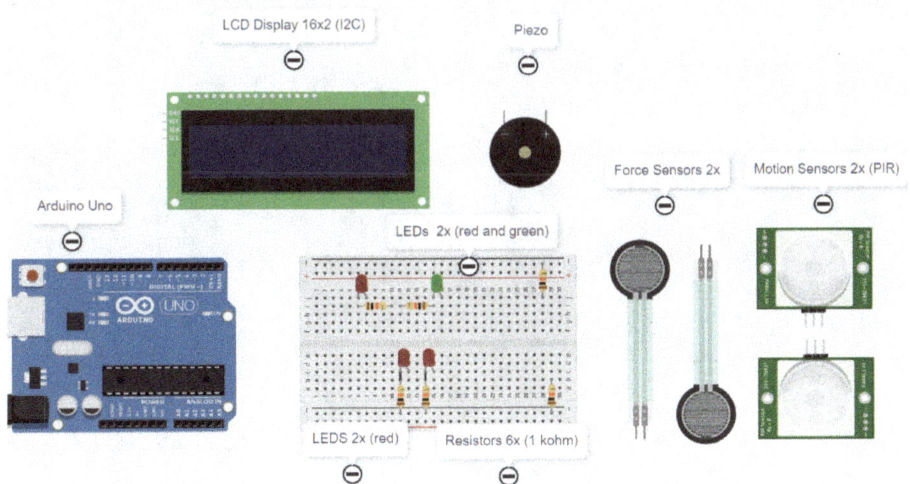

5.2 El diseño del circuito

En primer lugar, volveremos a diseñar el diagrama del circuito de nuestro sistema.

A continuación se muestra un esquema del diagrama del circuito requerido:

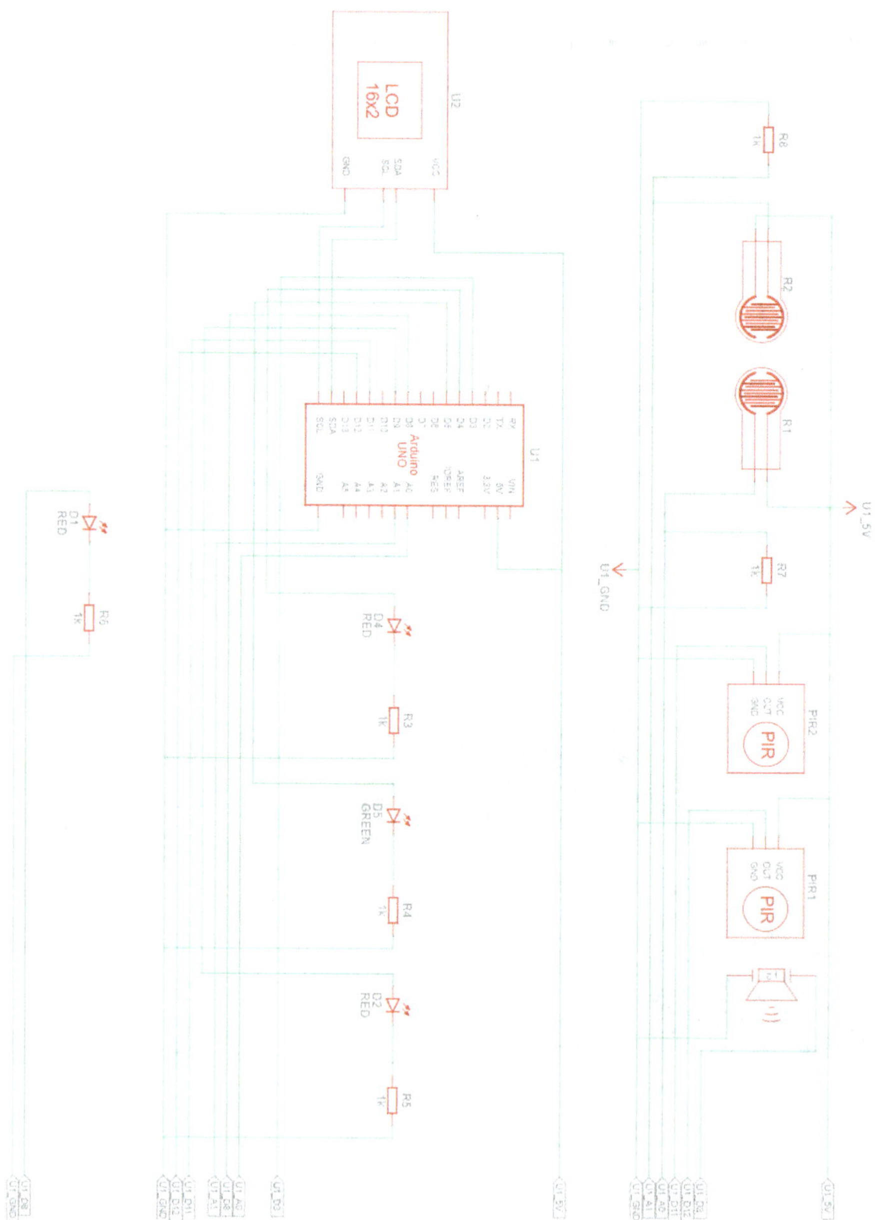

Para construir el circuito en Tinkercad, empezamos de nuevo con la protoboard como punto de partida en el centro del circuito. Además, volvemos a cambiar de "Basic" a "All" en la barra de menú de la derecha, en "Components", para encontrar todos los componentes.

En el primer paso, colocamos los LEDs y las resistencias como se indica. Asegúrate de que las resistencias están colocadas correctamente. Para suministrar energía a la protoboard en la parte superior e inferior, también conectamos los cables negro y rojo del pin 5V y GND del Arduino a la protoboard. Luego necesitamos unos cuantos cables negros más para que todos los componentes estén conectados a tierra (GND).

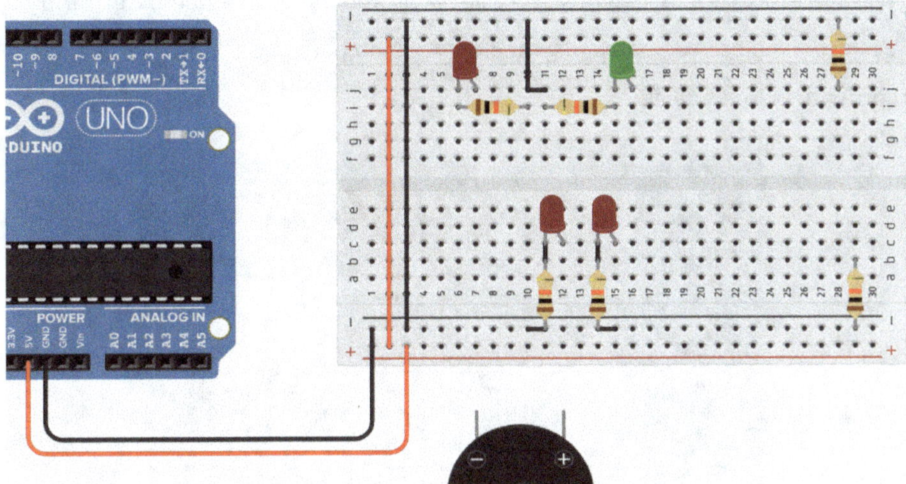

En el siguiente paso, conectamos todos los LEDs al Arduino. Lo hacemos creando una conexión entre el ánodo de cada LED y un pin digital del Arduino. Para ello utilizamos los pines digitales 4, 5, 8 y 9. Los colores de los cables (rojo, verde, morado, rosa) no son importantes para ello, pero deben ser diferentes entre sí para tener una mejor visión o contraste.

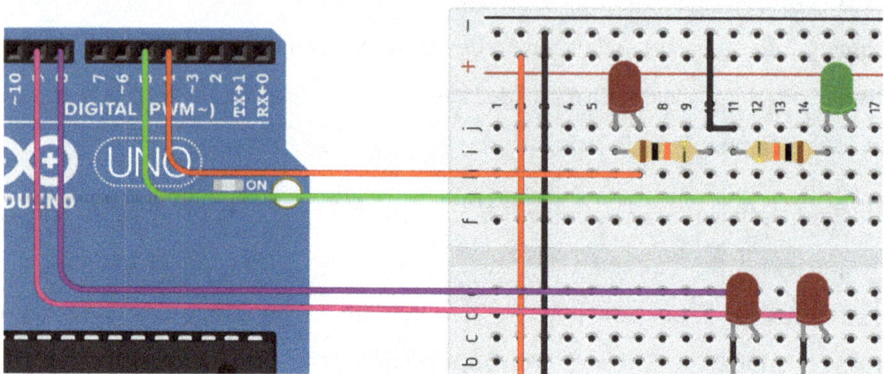

A continuación, suministramos el zumbador piezoeléctrico que va a generar nuestro sonido de alarma. Simplemente conectamos el terminal negativo del piezo a la línea de clavijas negativas "-" de la protoboard. Conectamos el terminal positivo del piezo a la patilla digital 3 del Arduino para poder controlar el flujo de corriente a través de él.

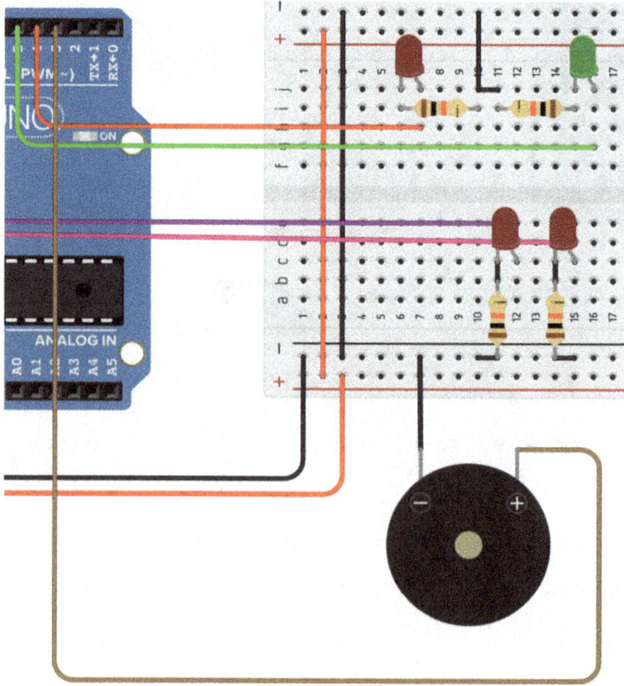

Ahora conectamos los dos sensores de fuerza con la protoboard y el Arduino. Para ello, conectamos un cable (rojo) a la línea del pin positivo "+" de la protoboard y otro cable (negro) a la protoboard, que a su vez se conecta a los pines analógicos del Arduino A0 y A1 con otro cable (verde y naranja). Por cierto, no importa qué conexión del sensor de fuerza se utilice para cada línea.

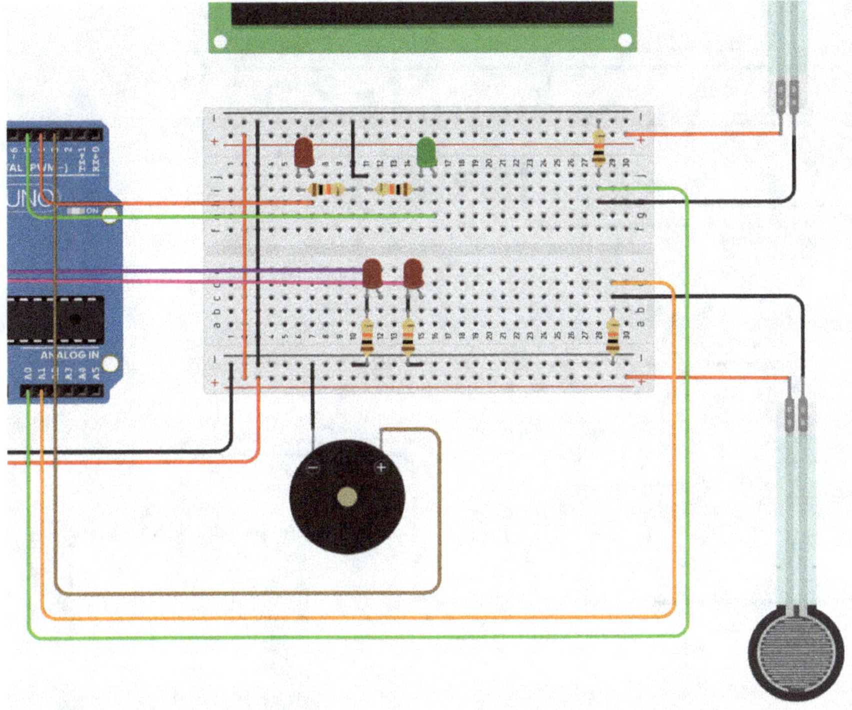

Procedemos de forma similar para la conexión de los dos detectores de movimiento. Primero les suministramos energía (para ello necesitamos los dos pines de la derecha; la conexión de los pines apunta hacia abajo). Conecta la clavija de la derecha con "-" y la del medio con "+".

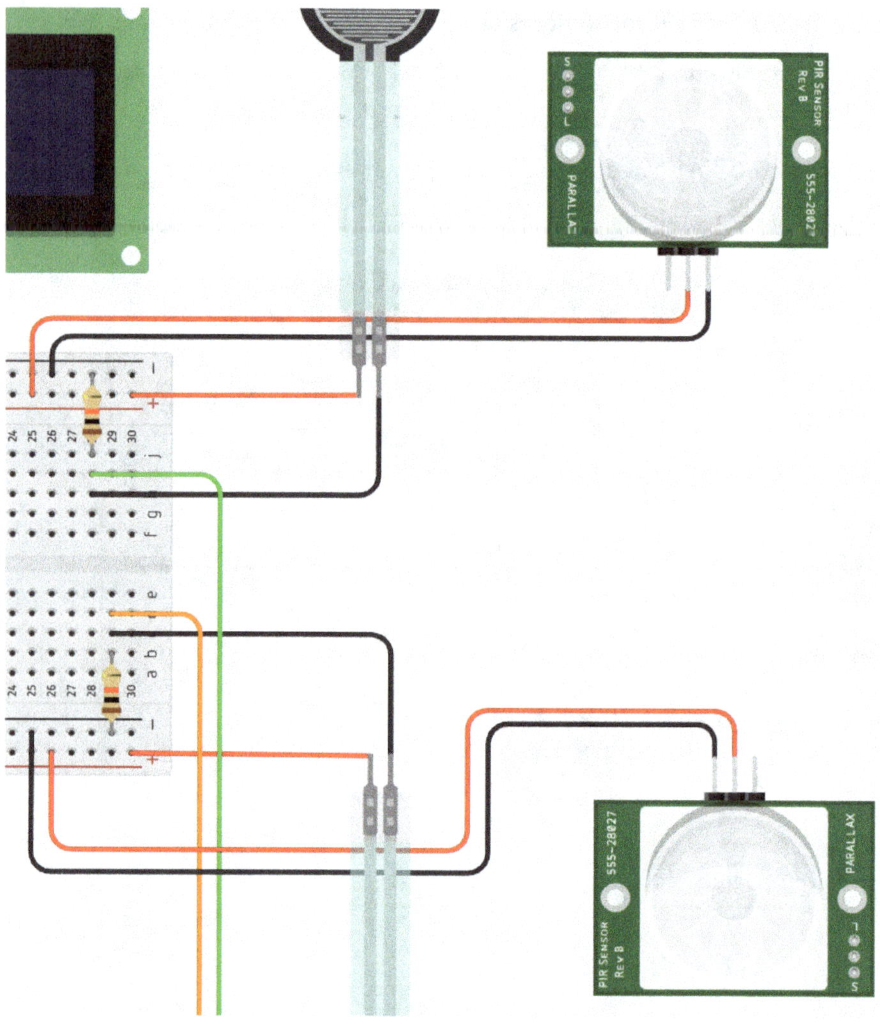

A continuación, conectamos una línea de señal (verde o naranja) desde el detector de movimiento al pin 11 o 12 del Arduino digital. Por último, conectamos la pantalla LCD de la forma habitual, como en el proyecto anterior. Para ello, lo alimentamos a través de la protoboard y conectamos las conexiones "SDA" y "SCL" de la pantalla a los pines designados del Arduino.

Podemos ver estos dos pasos en el siguiente esquema del circuito final.

Esquema eléctrico completo:

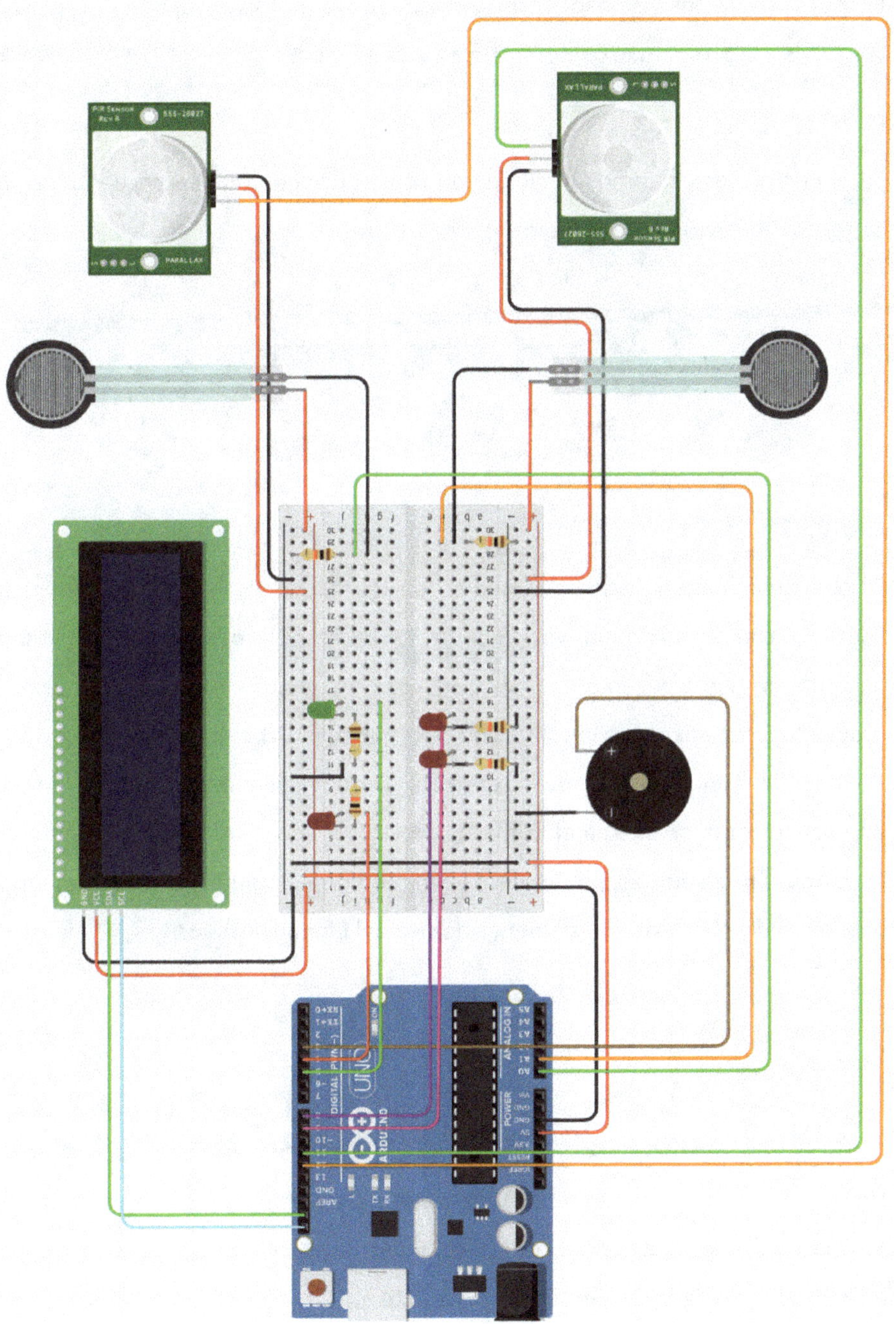

5.3 Desarrollo del código del programa

Después de haber cableado también con éxito nuestro segundo proyecto, volvemos a la programación necesaria en esta sección.

Paso 1:

En el primer paso creamos el bloque de título opcional (que se encuentra en la categoría "Notación") con el texto "alarm system".

Paso 2:

En el segundo paso, añadimos el bloque "on start", que ejecuta una determinada línea de código sólo una vez cuando se inicia el programa. ¿Qué código necesitamos ejecutar sólo una vez en este proyecto? ¡Piensa en el primer proyecto! Exactamente, la inicialización de la pantalla LCD. Volvemos a hacerlo con el comando "configure LCD" de la categoría "Output". El número, la dirección y el tipo son los mismos que en el primer proyecto. Tampoco mostraré aquí siempre los bloques precedentes, para que se vean mejor en los siguientes. Simplemente puedes colocar los siguientes bloques debajo del bloque anterior.

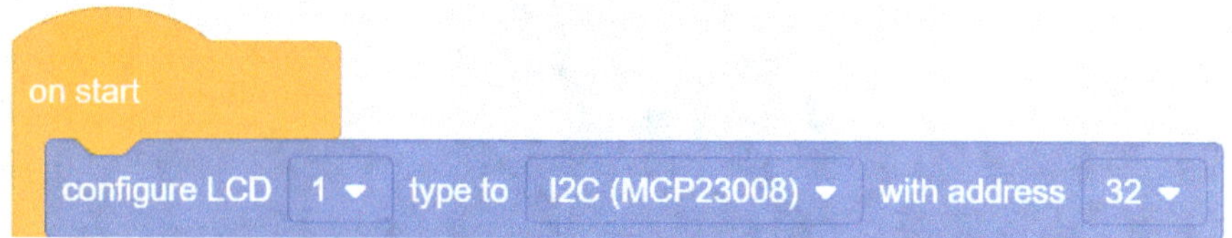

Sin embargo, este paso aún no ha terminado, porque también queremos mostrar un texto de inicio en la pantalla de este bloque. Queremos mostrar que tienes que introducir un código y que el sistema está activo.

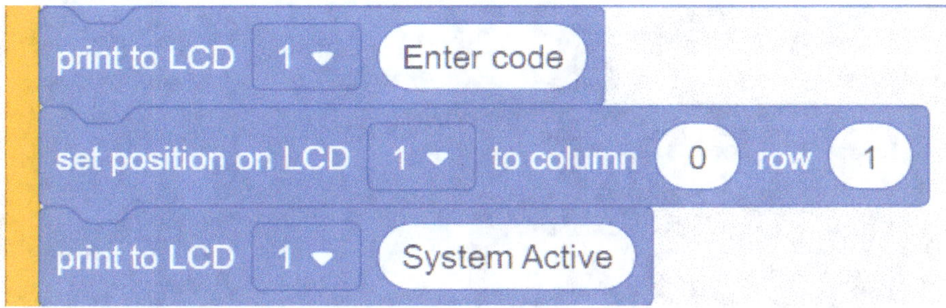

Además, no sólo queremos que se muestre, sino que el sistema esté realmente activo al iniciarse. Para ello, primero declaramos todas las variables que necesitamos en este proyecto. Lo hacemos en la categoría "Variables".

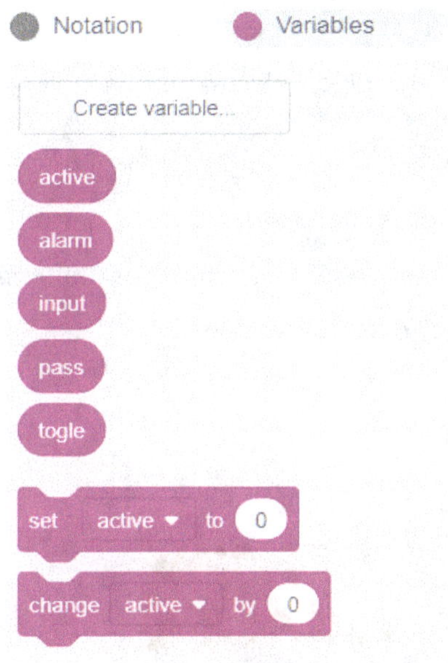

Ya necesitamos las tres variables "active", "alarm" y "togle" al principio. Para que el sistema esté activo en el momento de la puesta en marcha, establecemos la variable "active" con el valor 1 ("on"). Ponemos la variable "alarm" en el valor 0 ("off") para que la alarma esté desactivada cuando se inicie el sistema. También establecemos la variable "togle" con el valor 1 ("on"). Más adelante veremos por qué necesitamos esta variable.

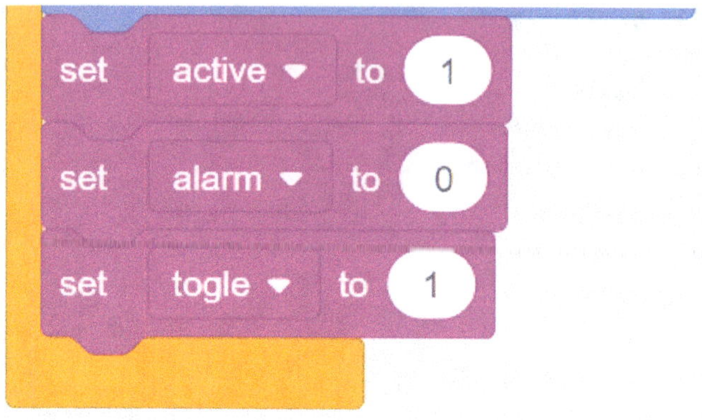

Paso 3:

Ahora el bloque "on start" está listo y lo siguiente que necesitamos es otro bloque "forever" que contenga el código a ejecutar en un bucle (análogo al bucle void () en el código basado en texto).

Primero construimos un pequeño retraso para que el Arduino tenga tiempo suficiente para terminar todos los procesos anteriores. A continuación, establecemos la variable "pass" con el valor "0".

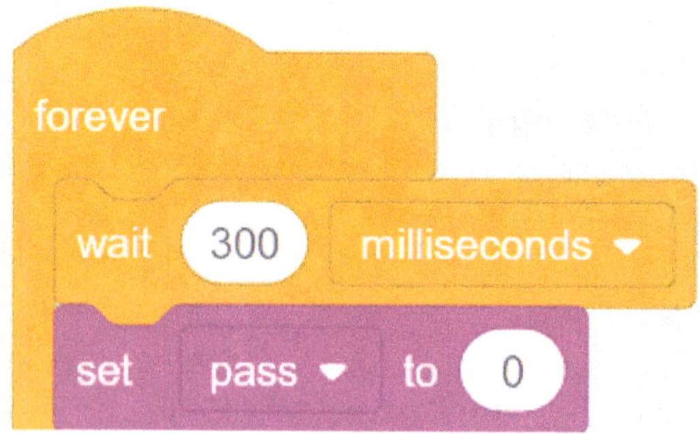

Ahora siguen varias condiciones if que nos permiten consultar la contraseña o comparar la entrada en el monitor de serie con la contraseña.

Por cierto, podemos abrir el monitor de serie para introducir posteriormente el código en el área de programación:

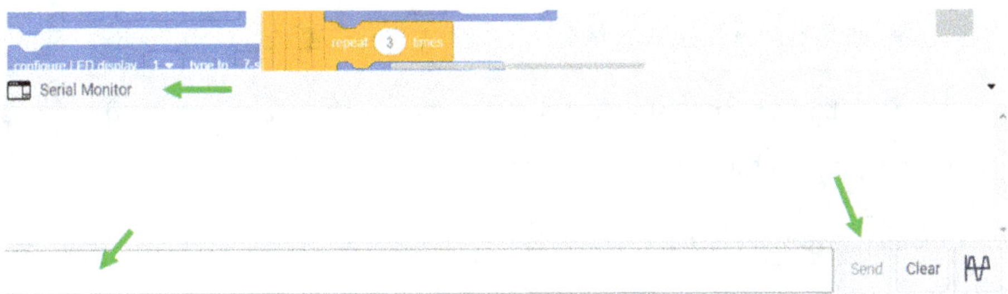

Ahora las condiciones if. Primero comprobamos si se ha introducido algo en el monitor de serie. Lo hacemos con el "number of serial characters available", que en el código de texto normal corresponde a la función "Serial.available ()". Para más información, consulta aquí:

https://www.arduino.cc/reference/en/language/functions/communication/serial/available/

El número de caracteres introducidos debe ser mayor que 0, de lo contrario, lógicamente no se ha introducido nada. A continuación, comprobamos con una condición if-else ("if ... else" en lugar de una simple condición if) si el número de caracteres introducidos se corresponde exactamente con el valor 7 (nuestros dos códigos tienen exactamente 7 números cada uno). Lo hacemos así para que sólo se comprueben las entradas de siete dígitos, porque si la cantidad de números ya no es correcta, puedes guardar la comprobación de todos modos.

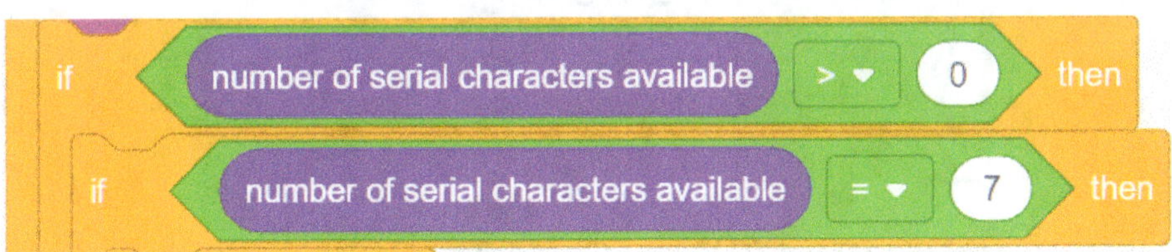

Ahora se vuelve un poco más complejo. Primero tenemos que convertir el número introducido de un valor char (formato de entrada en el monitor serie) a un valor decimal con ayuda de una tabla ASCII. Aquí puedes encontrar una tabla ASCII, por ejemplo:

https://upload.wikimedia.org/wikipedia/commons/1/1b/ASCII-Table-wide.svg

El uso de la tabla y la conversión (usando el código para activar el sistema de alarma como ejemplo) es entonces como sigue:

Decimal	Hex	Char
40	28	(
41	29	)
42	2A	*
43	2B	+
44	2C	,
45	2D	-
46	2E	.
47	2F	/
48	30	0
49	31	1
50	32	2
51	33	3
52	34	4

A continuación, realizamos una operación aritmética. Queremos sumar los valores de entrada convertidos al doble de la suma anterior. Esto significa:

Lo hacemos en Tinkercad con la siguiente fórmula:

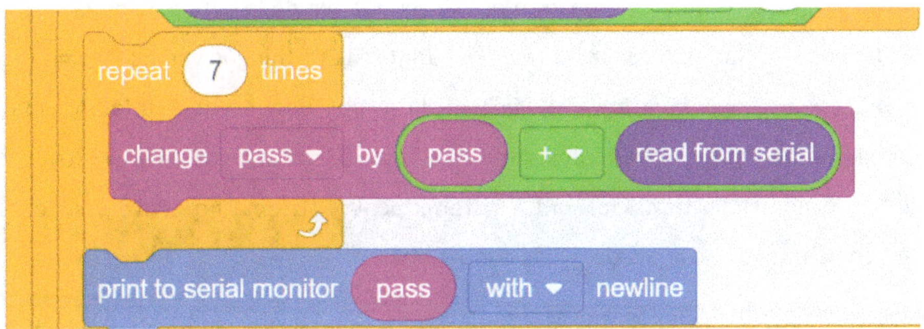

Paso 4:

En este paso, debemos comprobar primero si la entrada convertida (código) corresponde al valor 6405 (resultado del paso 3 en rojo) o al 6371 (valor del código convertido para la desactivación; cálculo análogo al del paso 3). Volvemos a hacerlo con una condición if-else (selecciona "if ... else"). ¿Por qué lo hacemos? De modo que aquí sólo se tienen en cuenta los casos en los que se ha introducido uno de los dos códigos (por tanto, las entradas incorrectas no se persiguen en este apartado). A continuación se realiza una nueva comprobación if (pregunta: ¿Tiene la variable "pass" el valor 6405 para la activación? Si se cumple esta condición, la pantalla LCD debe mostrar el texto "Enter Code" en la posición 0 / 0 (fila: 0, línea: 0) y el texto "System Active" en la posición 0 / 1, es decir, una línea por debajo.

También hay otras cosas que hay que hacer. En primer lugar, borramos los tres últimos caracteres que se muestran en la segunda fila de la pantalla con la ayuda de un bucle for (aquí: "repeat ... times") e "print to LCD" (ningún valor aquí significa sobrescribir el valor vacío). Es difícil explicar por qué es necesario. Al final, simplemente debes probarlo borrando este bloque (haz una copia de tu proyecto antes) y simular la transición entre sistema activo, sistema _no_ activo y sistema activo de nuevo con la ayuda de las contraseñas.

Por otro lado, nuestra variable que refleja el estado del sistema de alarma (activo o no activo) debe tener el valor 1 ("on" o activo). Y como hemos instalado dos LEDs de control, éstos también deben ser controlados aquí. El LED rojo no debe encenderse (clavija 4 "LOW"), pero el LED verde debe encenderse (clavija 5 "HIGH").

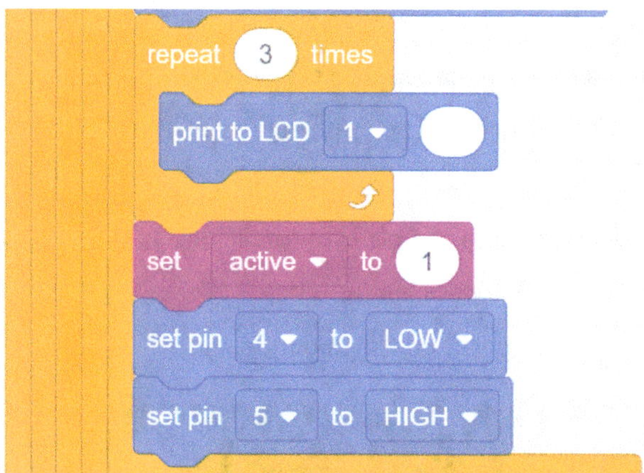

Ahora hemos implementado todo para la activación de nuestro sistema de alarma por código. No dejes de seguirlo, aunque sea un poco más complejo a primera vista, ¡pronto tendremos el proyecto hecho y listo para simular! No hay que avergonzarse de leer unas cuantas páginas dos o tres veces si no has entendido algo al primer intento. ¡Tú puedes hacerlo!

Paso 5:

En este siguiente paso, implementaremos lo contrario del código anterior, es decir, la desactivación del sistema de alarma. En primer lugar, comprobamos con una condición if si la entrada convertida (código) se corresponde con el valor 6371. Si esta comprobación es verdadera, se mostrará de nuevo el texto "Enter code" y esta vez además "System not Active". También hay que tener en cuenta las posiciones de la pantalla LCD. Además, la variable "active" debe ajustarse al valor 0 ("off"; el sistema no está activo) y los pines del LED rojo o verde deben controlarse en consecuencia (rojo: "HIGH"; verde: "LOW"). También tenemos que desactivar la alarma en caso de que esté informando de una intrusión pero el sistema esté desactivado con el código correcto. Para ello, fijamos la variable "alarm" en el valor 0 ("off").

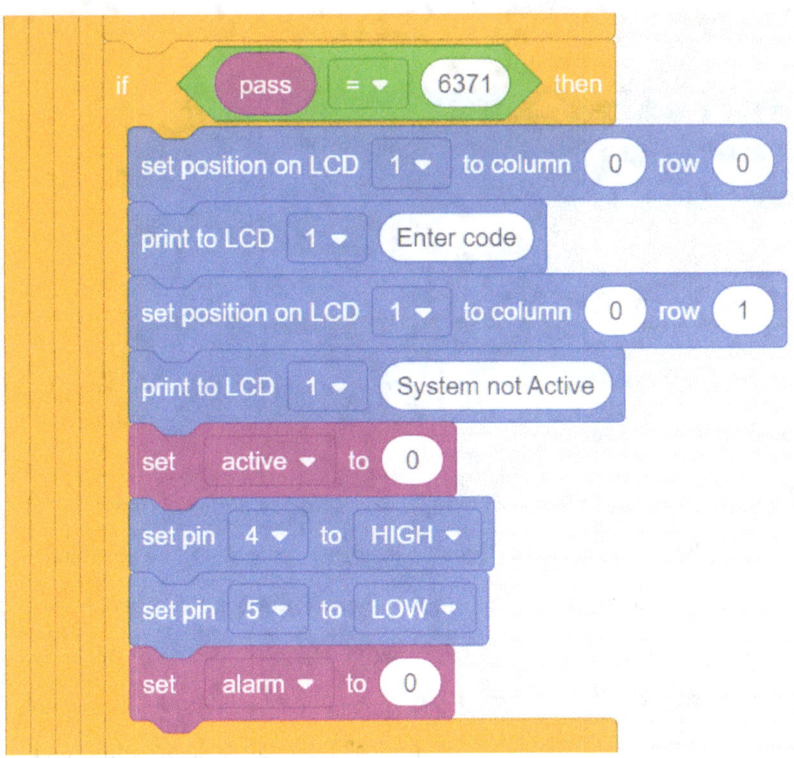

Paso 6:

A continuación, nos encontramos en las secciones else de las condiciones if-else del paso 3 y del paso 4 (los bloques vuelven a conectarse sin problemas con el paso 5).

Si la comprobación del paso 3 (la entrada tiene más o menos de 7 caracteres) no tiene éxito, se mostrará el texto: "wrong pass", porque entonces la contraseña introducida es incorrecta. Lo mismo ocurrirá si la comprobación del paso 4 (la entrada convertida (código) corresponde al valor 6405 o 6371) no tiene éxito.

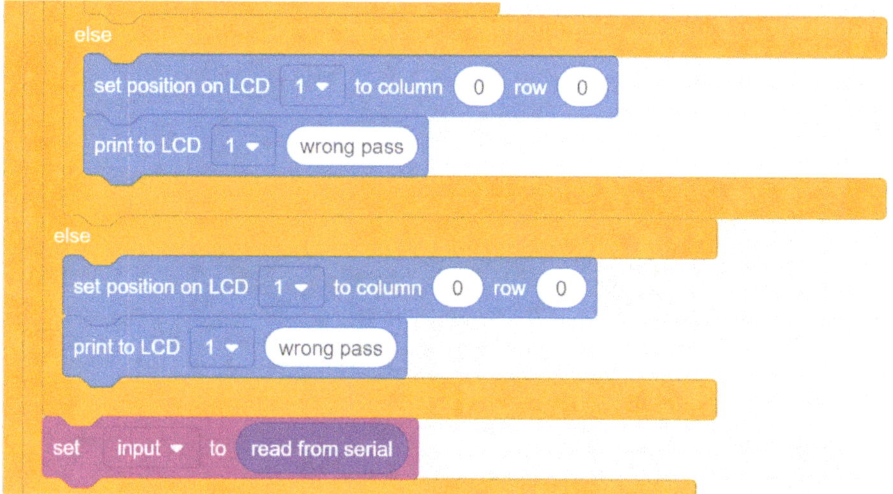

Por cierto, con "set input ..." y "read from serial" seguimos definiendo que la variable "input" lee y recibe el valor del monitor de serie.

Ahora tenemos que definir qué debe ocurrir cuando se activa el sistema de alarma. En este caso, hay que leer los valores de los sensores y si uno de ellos supera o ha alcanzado un determinado valor umbral (valor analógico del sensor de fuerza superior a 70 = aprox. 0,3 -0,4 N; valor digital del sensor de movimiento a 1 para "movimiento detectado"), entonces hay que activar la variable "alarm" (valor 1 = "on"), de lo contrario hay que desactivarla (valor 0 = "off"). Lo ponemos en práctica con una condición if y una condición if-else como sigue.

La siguiente imagen original está dividida en dos imágenes a continuación para una mejor legibilidad:

Original:

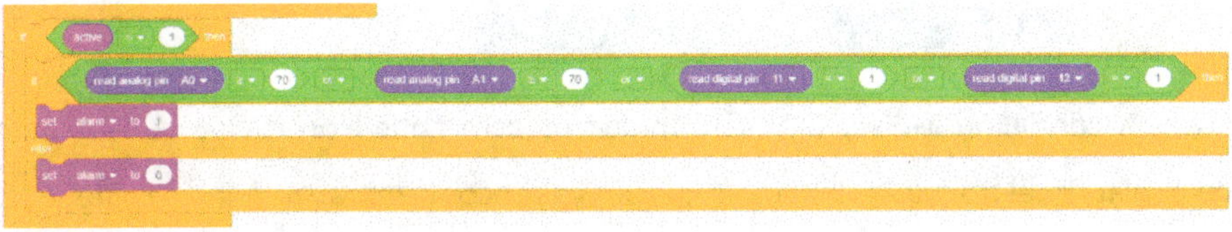

Dividido para una mejor legibilidad:

Paso 7:

Inmediatamente después, tenemos que definir lo que debe ocurrir cuando la variable "alarm" se activa (es decir, tiene el valor 1). En este caso, la clavija 3 debe recibir corriente. A esta patilla se conecta el zumbador piezoeléctrico, que genera un sonido. Para ello utilizamos una condición if-else.

En esta condición if-else, también anidamos otra condición if-else que es para controlar nuestra variable "togle", que ya encontramos al principio de este proyecto. Esta variable sirve para controlar el parpadeo alternativo de los dos LEDs rojos. Se supone que estos LEDs (clavija 8 y clavija 9) parpadean cuando se activa la alarma, por lo que conmutamos la variable y las clavijas respectivas alternativamente de 0 a 1 y de 1 a 0, respectivamente, con un intervalo de 500 milisegundos (la frecuencia de parpadeo se puede cambiar a voluntad).

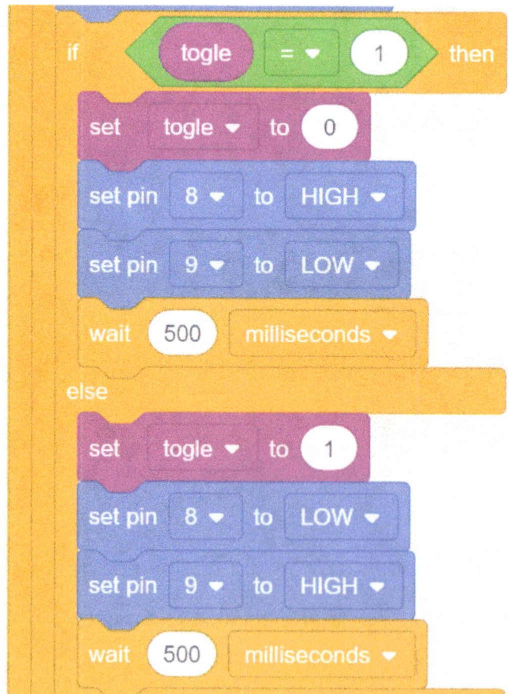

Paso 8:

En este último paso todavía tenemos que rellenar la sección "else" de la primera condición if-else del paso 7. La condición del paso 7 era: si "alarm" = 1 entonces, si no. Esto significa que encontramos el caso "else" en el que la variable "alarm" <u>no</u> tiene el valor 1 (sino que tiene el valor 0). En este caso, los pines 8, 9 y 3 no deben recibir ninguna corriente ("LOW"). Estos son los pines del zumbador piezoeléctrico y de los dos LEDs rojos, por lo que en este caso no debería estar activa ninguna alarma ni ninguna luz intermitente.

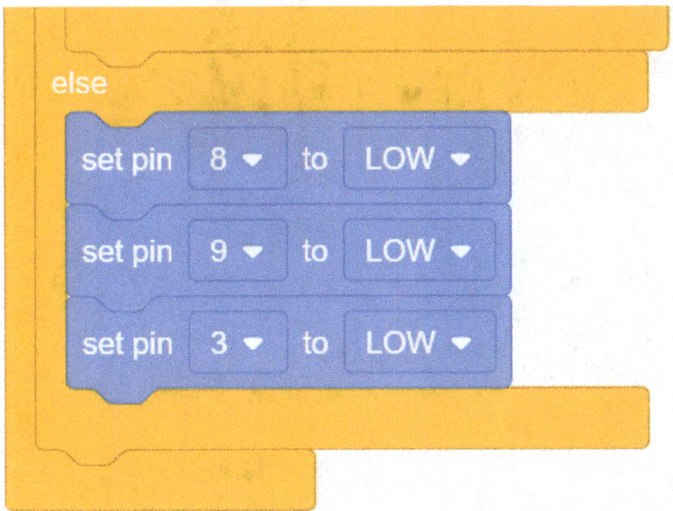

¡Muy bien! Lo hemos conseguido. Genial si te quedas con él. La ilustración completa del código de bloques en una sola pieza no tiene sentido aquí, porque no podrías ver nada debido al tamaño. En este punto tiene más sentido mirarlo en Tinkercad si lo necesitas. Utiliza el siguiente enlace para llegar al proyecto: https://bit.ly/3yqcJCi

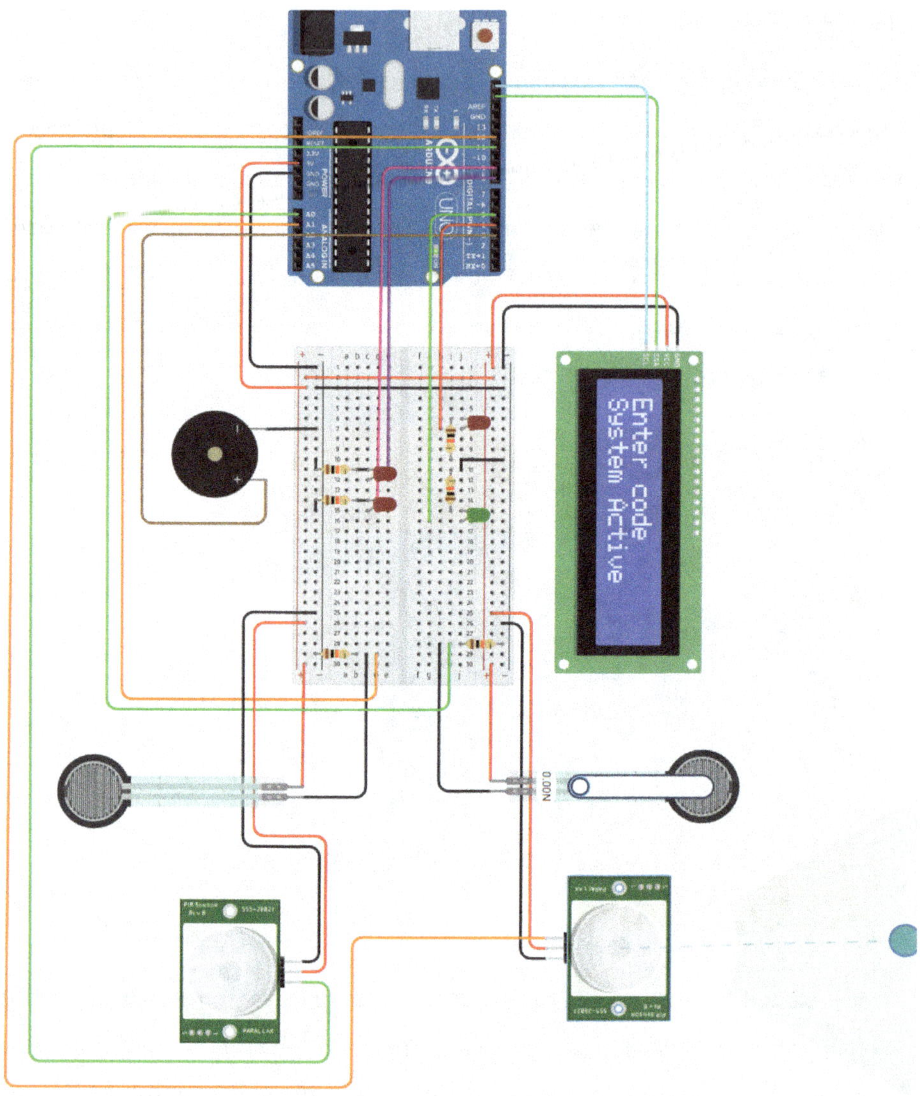

Puedes ajustar los valores de los sensores con un solo clic. Con el sensor de movimiento, incluso un pequeño movimiento es suficiente. En el caso del sensor de fuerza, debes establecer un valor superior a 0,4 N para que se active la alarma.

Al principio mencioné que aquí también añadiremos un "keypad" como alternativa a la introducción del código. Pero sólo podríamos hacerlo de forma muy compleja y larga con código de bloques. Por lo tanto, utilizaremos un código de texto para ello, que te mostraré a continuación.

Puedes encontrar el proyecto de Tinkercad con "Keypad" aquí: https://bit.ly/3PbxJn2

Por cierto: **confirmamos la introducción de la contraseña con la tecla "#" del "keypad".**

El único cambio que tenemos que hacer en el esquema del circuito es añadir el "keypad". Lo hacemos conectándolo como se muestra. Las conexiones en el "keypad" son para las columnas y filas individuales (4 + 4 = 8 conexiones). Puedes pensar en el teclado como en una mesa.

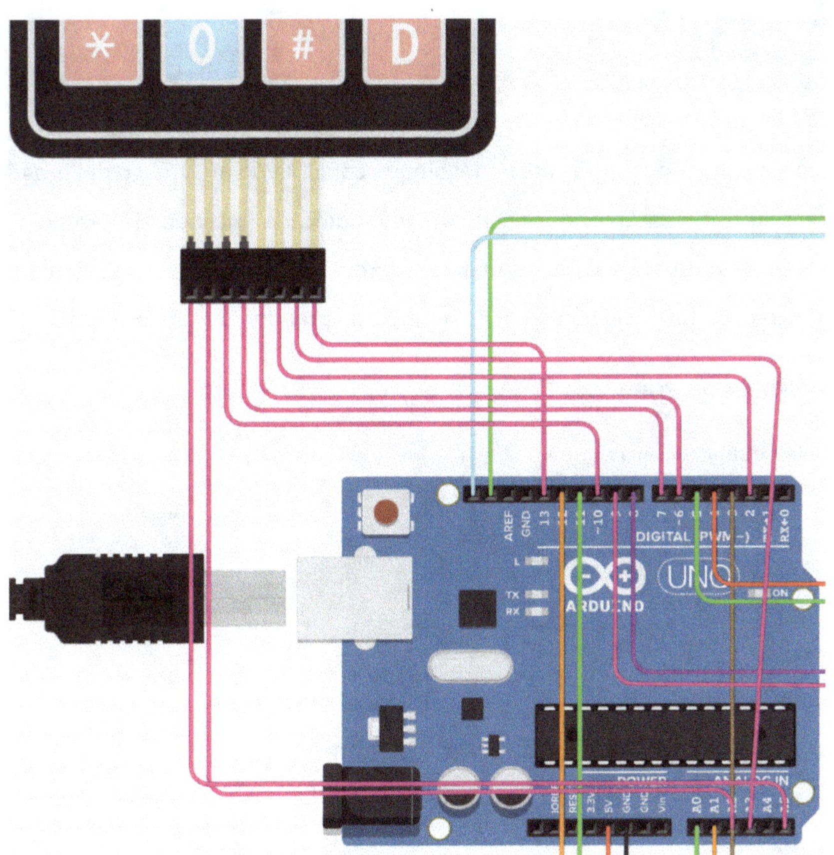

Puedes hacer que Tinkercad cree automáticamente código basado en texto a partir de código basado en bloques. Esto funciona cambiando de Bloques a "Blocks + Text" por encima de las categorías ("Output", "Control", "Input", ...) para la selección de bloques. El código del programa se muestra como texto junto al código de bloque.

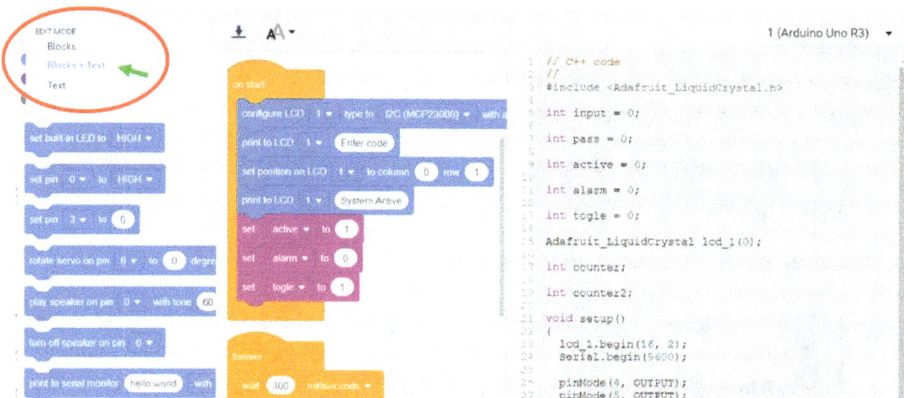

Ahora puedes comparar el código del bloque con el siguiente código del programa de texto que necesitamos para el proyecto modificado (incluido el "keypad") y así encontrar las diferencias. Este es un buen ejercicio para establecer un vínculo entre el código de bloque y el código de texto o para aprender la transferencia.

El código del programa es:

```
#include <Adafruit_LiquidCrystal.h>
#include <Keypad.h>


int input = 0;

int pass = 0;

int active = 0;

int alarm = 0;

int togle = 0;

int counter;
```

```
int counter2;
const byte ROWS = 4; //four rows
const byte COLS = 4; //four columns
char keys[ROWS][COLS] = {
  {'1', '2', '3', 'A'},
  {'4', '5', '6', 'B'},
  {'7', '8', '9', 'C'},
  {'*', '0', '#', 'D'}
};
byte rowPins[ROWS] = {A5, A2, 10, 7}; //connect to the row pinouts of the keypad
byte colPins[COLS] = {6, 2, A3, 13}; //connect to the column pinouts of the keypad
String passText = "";
int passLength = 0;


Adafruit_LiquidCrystal lcd_1(0);
Keypad keypad = Keypad( makeKeymap(keys), rowPins, colPins, ROWS, COLS );


void setup()
{
  lcd_1.begin(16, 2);
  Serial.begin(9600);

  pinMode(4, OUTPUT);
  pinMode(5, OUTPUT);
  pinMode(A0, INPUT);
  pinMode(A1, INPUT);
  pinMode(11, INPUT);
  pinMode(12, INPUT);
  pinMode(3, OUTPUT);
```

```cpp
  pinMode(8, OUTPUT);

  pinMode(9, OUTPUT);


  lcd_1.print("Enter code");

  lcd_1.setCursor(0, 1),

  lcd_1.print("System Active");

  active = 1;

  alarm = 0;

  togle = 1;

}


void loop()

{

  //delay(300); // Wait for 300 millisecond(s)

  handle_keypad();

  pass = 0;

  handle_serial_input();


  if (active == 1) {

    if ((analogRead(A0) >= 70 || analogRead(A1) >= 70) || (digitalRead(11) == 1 || digitalRead(12) == 1))
{

      alarm = 1;

    } else {

      alarm = 0;

    }

  }

  if (alarm == 1) {

    digitalWrite(3, HIGH);

    if (togle == 1) {
```

```
      togle = 0;
      digitalWrite(8, HIGH);
      digitalWrite(9, LOW);
      delay(500); // Wait for 500 millisecond(s)
    } else {
      togle = 1;
      digitalWrite(8, LOW);
      digitalWrite(9, HIGH);
      delay(500); // Wait for 500 millisecond(s)
    }
  } else {
    digitalWrite(8, LOW);
    digitalWrite(9, LOW);
    digitalWrite(3, LOW);
  }
}


void active_pass() {
  lcd_1.setCursor(0, 0);
  lcd_1.print("Enter code");
  lcd_1.setCursor(0, 1);
  lcd_1.print("System Active");
  for (counter2 = 0; counter2 < 3; ++counter2) {
    lcd_1.print(" ");
  }
  active = 1;
  digitalWrite(4, LOW);
  digitalWrite(5, HIGH);
}
```

```
void wrong_pass() {

  lcd_1.setCursor(0, 0);

  lcd_1.print("wrong pass");
}
void not_active_pass() {
  lcd_1.setCursor(0, 0);

  lcd_1.print("Enter code");

  lcd_1.setCursor(0, 1);

  lcd_1.print("System not Active");

  active = 0;

  digitalWrite(4, HIGH);

  digitalWrite(5, LOW);

  alarm = 0;


}


void handle_keypad() {
  char key = keypad.getKey();


  if (key) {
   if(passLength == 0){
     lcd_1.setCursor(0, 1);

     lcd_1.print("        ");

     lcd_1.setCursor(0, 1);

    }
   if(key == '#'){
    if(passText == "0378493"){

     active_pass();
```

```
      }
     else if(passText == "2047291"){

       not_active_pass();

       }
     else{

       wrong_pass();

       }
     passText = "";

     passLength = 0;


     return;

     }
   Serial.println(key);

   lcd_1.print(key);

   passText += String(key);

   passLength++;

  }

}


void handle_serial_input(){
  if (Serial.available() > 0) {

   if (Serial.available() == 7) {

    for (counter = 0; counter < 7; ++counter) {

     pass += (pass + Serial.read());

     }
    Serial.println(pass);

    if (pass == 6405 || pass == 6371) {

     if (pass == 6405) {

      active_pass();
```

```
      }
    if (pass == 6371) {

      not_active_pass();

      }
    } else {

     wrong_pass();

     }
   } else {

    wrong_pass();

   }
   input = Serial.read();

  }

 }
```

6 Proyecto 3 | Seguimiento de la planta

Este proyecto es para todos aquellos que, por desgracia, se olvidan con demasiada frecuencia de regar y cuidar sus plantas. En este proyecto vamos a monitorizar una planta con la ayuda de sensores e intervenir con actuadores en caso de desviaciones.

Como sensores utilizamos un sensor de humedad del suelo que se puede colocar en una maceta. Esto controla la humedad del suelo de la planta. También utilizamos un sensor de luz ambiental que detecta la luz ambiental cerca de la planta. Y por último, también utilizamos un sensor de temperatura que controla la temperatura ambiente cerca de la planta.

La temperatura, la luminosidad de la luz ambiental y la humedad del suelo de la planta se mostrarán para que podamos comprobarlas con la ayuda de tres "7-Segment Clock Displays". La visualización debe realizarse en porcentaje, es decir, de 0 a 100. El valor 0 debe significar que la temperatura es la más baja, la luz ambiental es la más débil y el suelo de la planta está muy seco. El valor 100, en cambio, debe significar que la temperatura es la más alta, la luz ambiental es la más fuerte y el suelo de la planta está muy húmedo. Se proporciona una "7-Segment Clock Displays" por sensor.

Para garantizar el suministro de la planta también cuando no estemos en casa, también nos gustaría instalar algunos actuadores. Para que la planta reciba agua, tenemos un servomotor controlado, que podría abrir un acceso al agua mediante un mecanismo, por ejemplo. También queremos que dos bombillas se enciendan cuando la temperatura descienda por debajo de los 15° C y se apaguen de nuevo en cuanto la temperatura alcance al menos los 15° C. Estamos utilizando una lámpara incandescente como actuador. Aquí utilizamos una lámpara incandescente como calentador eléctrico improvisado, ya que emite mucho calor además de luz. Al anochecer (sensor de luz ambiental), la planta también debe ser iluminada con luz roja durante 15 segundos (15 minutos sería mejor, pero sería demasiado tiempo para nuestros fines de simulación), lo que debería mejorar la fase de sueño de la planta. Para ello, utilizamos tres LEDs RGB.

6.1 Componentes necesarios

Enlace al proyecto Tinkercad: https://bit.ly/3bYWogc

Número	Designación
1	Arduino Uno
1	Tablero de pruebas (Breadboard small)
1	Sensor de luz ambiental (ambient light sensor)
1	Sensor de temperatura TMP36
1	Sensor de humedad del suelo (soil moisture sensor)
2	Bombilla (light bulb)
3	LEDs RGB
1	Resistencia de 100 kΩ para el sensor de luz ambiental
1	Resistencia de 20 Ω para los LEDs RGB
1	Servomotor
3	7-Segment Clock Display

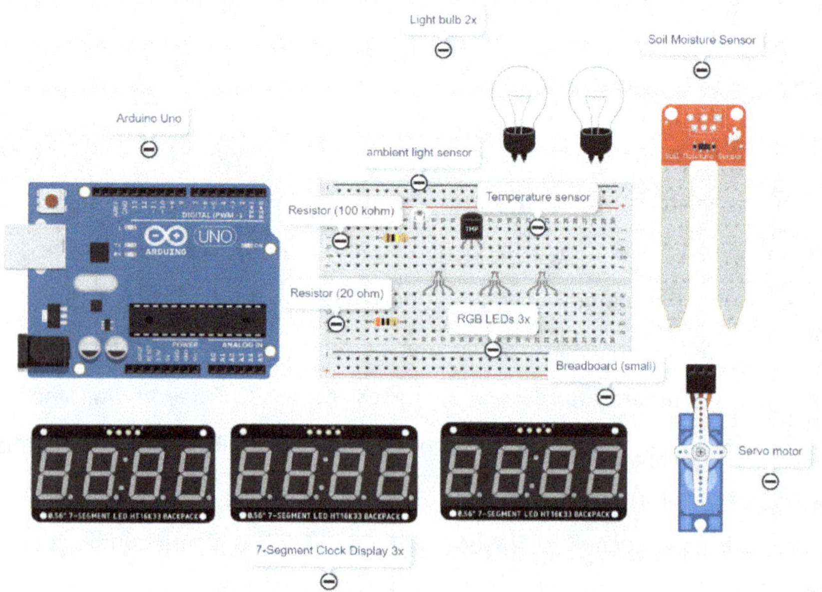

Refuerzo para el sensor de temperatura TMP36:

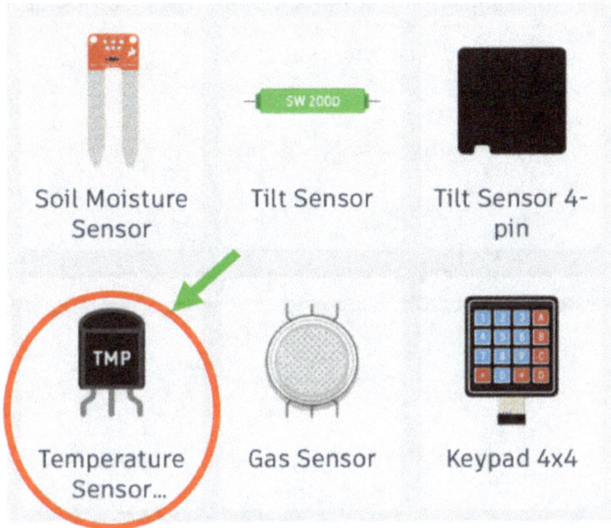

Ya habíamos utilizado el TMP36 una vez en el primer libro de la serie. Aquí tienes un breve repaso de cómo utilizarlo.

El TMP36 es un sensor de temperatura de baja tensión. La particularidad de este sensor de temperatura es su linealidad en todo el rango de medición de la temperatura. El sensor tiene tres conexiones: "+VS", "GND" y "Vout". La patilla "Vout" de este sensor proporciona una tensión de salida que es linealmente proporcional a la temperatura medida en grados Celsius. La tensión de funcionamiento del sensor es de 5V CC, lo que permite utilizarlo directamente con un Arduino UNO. Por cada grado centígrado de cambio de temperatura, la tensión de salida cambia en 10 milivoltios. A 25 °C, la tensión de salida es de 750 mV. Puedes descargar una hoja de datos completa en el siguiente enlace:

https://www.analog.com/media/en/technical-documentation/data-sheets/TMP35_36_37.pdf

A 0 grados Celsius, el valor de la tensión analógica cuantificada es igual a 104. Sobre esta base, podemos realizar la conversión necesaria del valor del sensor a la temperatura de la siguiente manera: **Temp_C = (valor del sensor - 104) * 165/338.**

6.2 El diseño del circuito

Antes de empezar a cablear nuestros componentes, veamos de nuevo la vista esquemática del diagrama del circuito requerido.

Esquema del circuito:

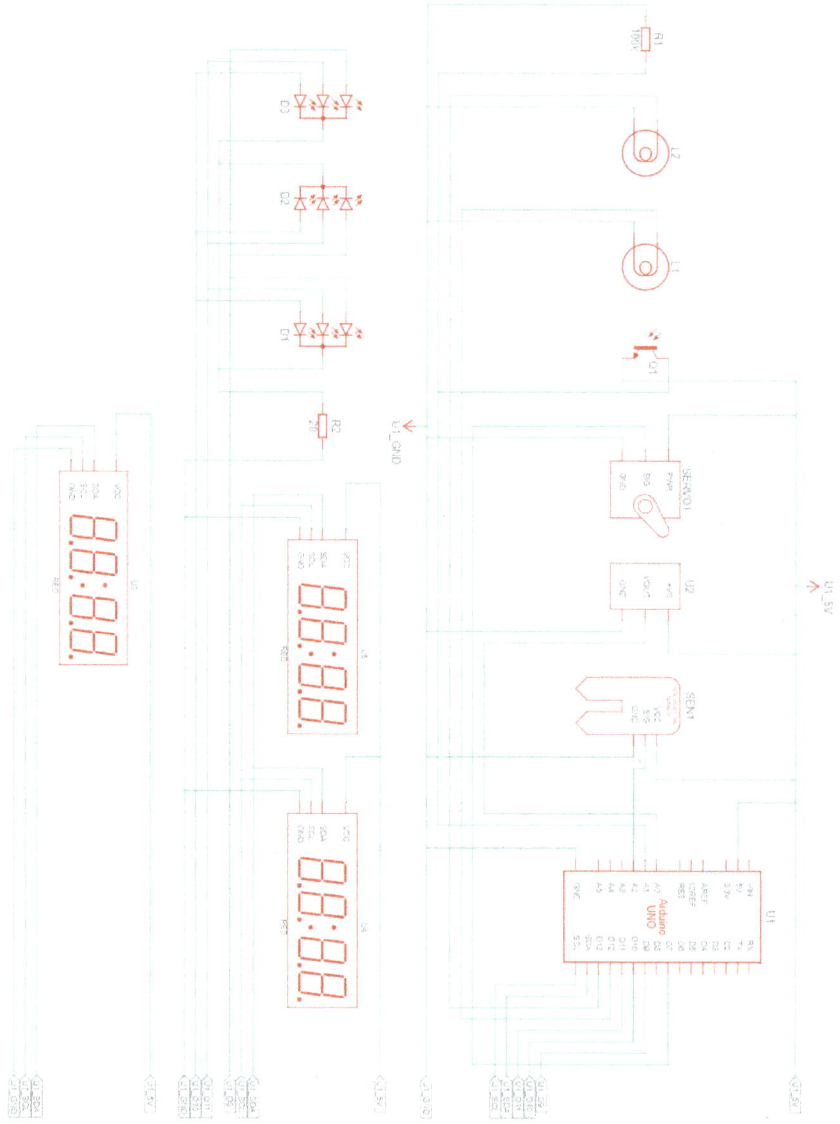

Comenzamos el cableado como siempre, con la protoboard como punto de partida en el centro del circuito y el Arduino a la izquierda.

Equipamos la protoboard con el sensor de luz ambiental, el sensor de temperatura y los tres LEDs RGB. Además, también fijamos las dos resistencias en la posición indicada. A continuación, alimentamos la protoboard con energía. Para ello, conectamos un cable rojo y otro negro del Arduino (pines 5V y GND respectivamente) a las dos tiras de alimentación ("+" y "-") de la protoboard en la zona inferior. También unimos la zona inferior con la superior.

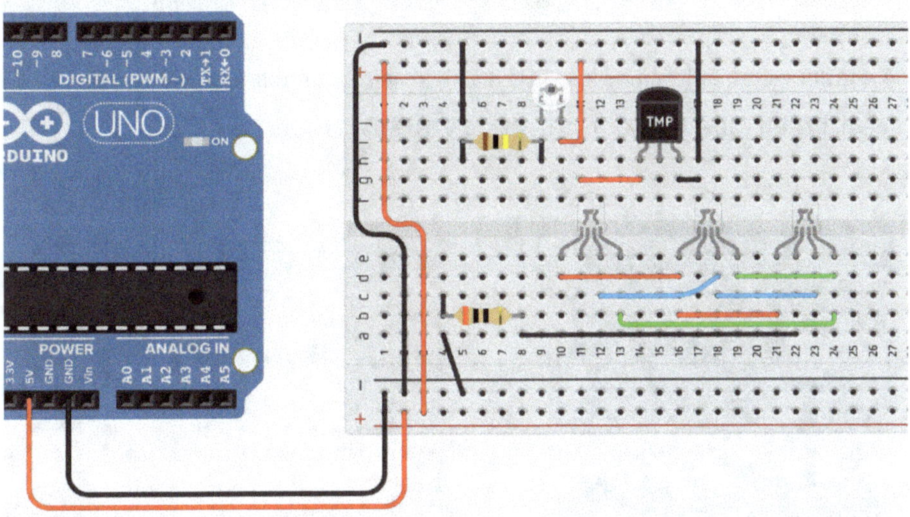

Para los LEDs RGB, conectamos las conexiones de los colores (rojo, azul, verde) entre sí y hacemos una conexión con el cátodo (negro) mediante la resistencia de 20 Ω. El sensor de temperatura recibe corriente (rojo y negro) y el sensor de luz ambiental también recibe corriente a través de la resistencia de 100 kΩ. Si ahora te preguntas qué conexiones del sensor de temperatura y de los LEDs RGB corresponden a cada función, echa un vistazo a la siguiente ilustración para refrescar tus conocimientos:

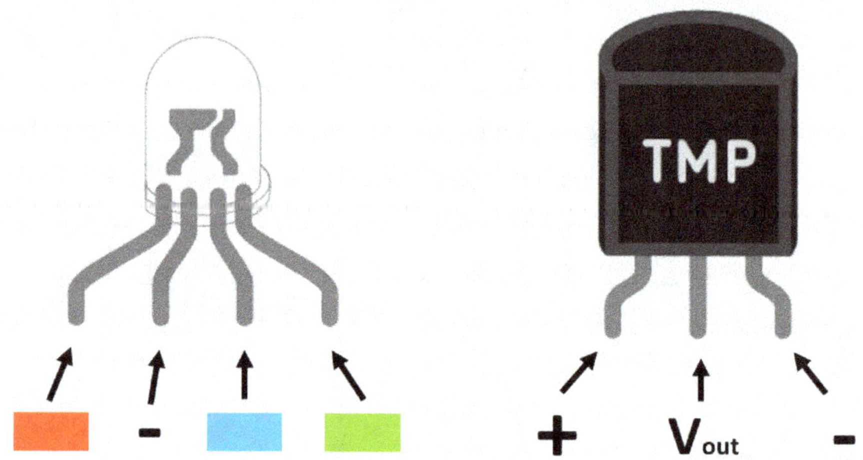

A continuación, enlazamos los LEDs RGB a los pines digitales de Arduino 9, 10 y 11 mediante un cable rojo, otro azul y otro verde para poder controlarlos.

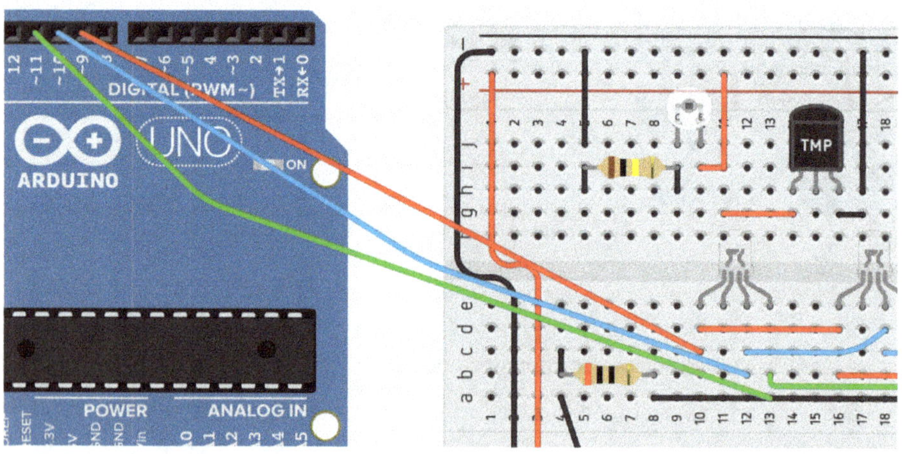

A continuación, nos ocupamos del sensor de luz ambiental y del sensor de temperatura. Conectamos el sensor de luz ambiental a la entrada analógica A1 del Arduino con un cable azul claro a través de la resistencia del pin "C". Conectamos el sensor de temperatura a la entrada analógica A0 del Arduino con un cable amarillo a través del pin central (V_{out}).

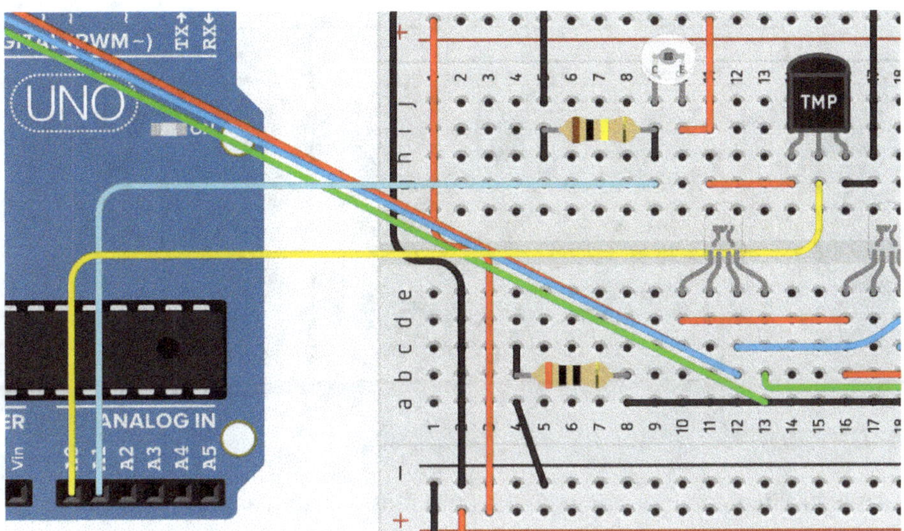

Seguimos con las bombillas, que conectamos por un lado a la alimentación de nuestra protoboard ("-") y por otro a los pines digitales 12 y 13 del Arduino.

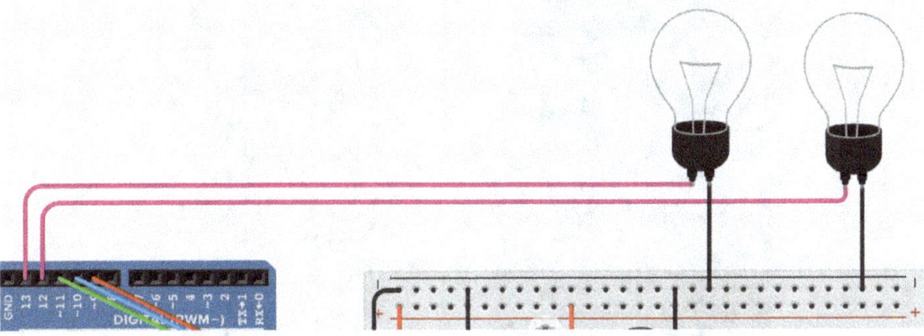

¡Ahora casi lo hemos conseguido! Sólo faltan el sensor de humedad del suelo, el servomotor y las tres pantallas. Primero conectamos el sensor de humedad del suelo. La asignación de pines para ello está impresa en el sensor. Existen las conexiones VCC ("+"), GND ("-") y SIG (señal). Así que primero tenemos que volver a alimentar el sensor, para ello lo conectamos a la protoboard. A continuación, conectamos la conexión SIG a la entrada analógica A2 del Arduino.

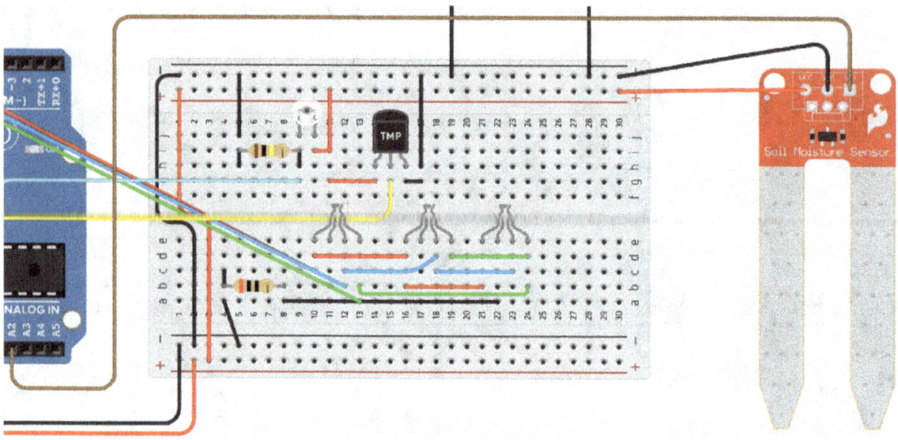

También alimentamos el servomotor con la tensión habitual (clavija izquierda: "-", clavija central: "+"). Y suministramos la conexión para la señal de control (pin derecho) a través del pin digital 7 del Arduino.

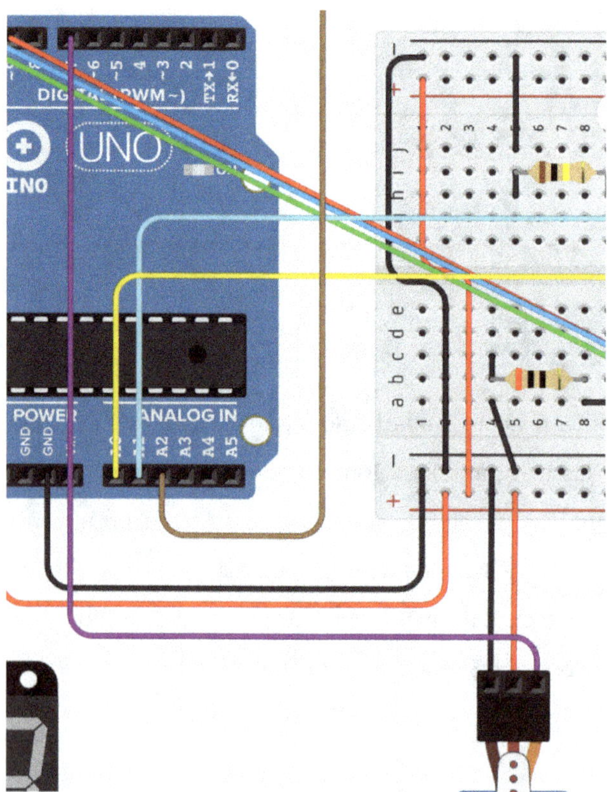

Por último, tenemos que conectar las "7-Segment Clock Displays". Las "0.56 inch 7-Segment LED HT16K33 Backpack Displays" utilizadas aquí tienen cuatro conexiones. Dos de ellos son para la alimentación (impresos "+" y "-") y dos para el control de la señal (impresos "C" y "D"). La adición "HT16K33 Backpack" significa que cada una de las pantallas tiene instalado un "controlador LED I2C HT16K33", que -al igual que la pantalla LCD I2C- permite el control a través de las conexiones SDA y SLC del Arduino.

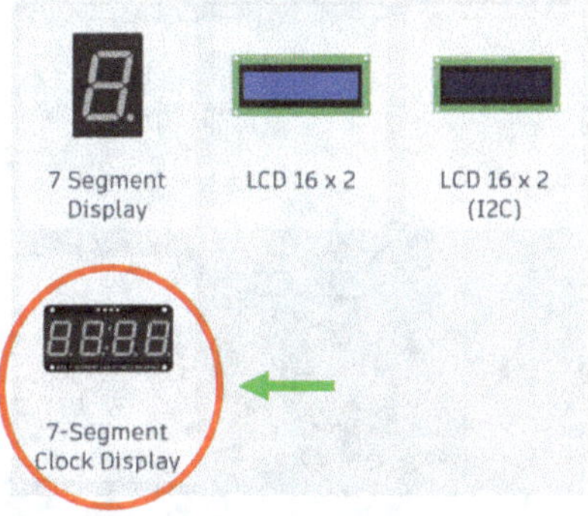

Primero alimentamos las pantallas con energía a través de la protoboard y el Arduino.

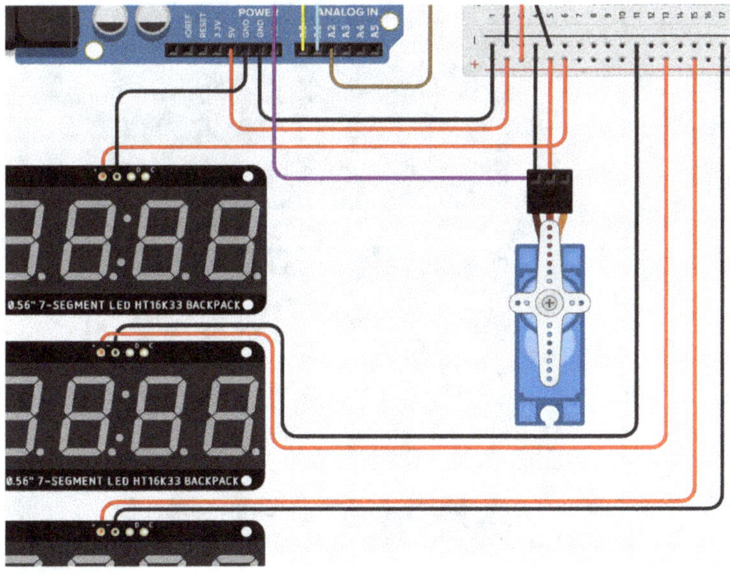

A continuación, ponemos las líneas de señal en turquesa (pin "C" de la pantalla respectiva al pin "SCL" del Arduino) y en marrón (pin "D" de la pantalla respectiva al pin "SDA" del Arduino).

Esquema eléctrico completo:

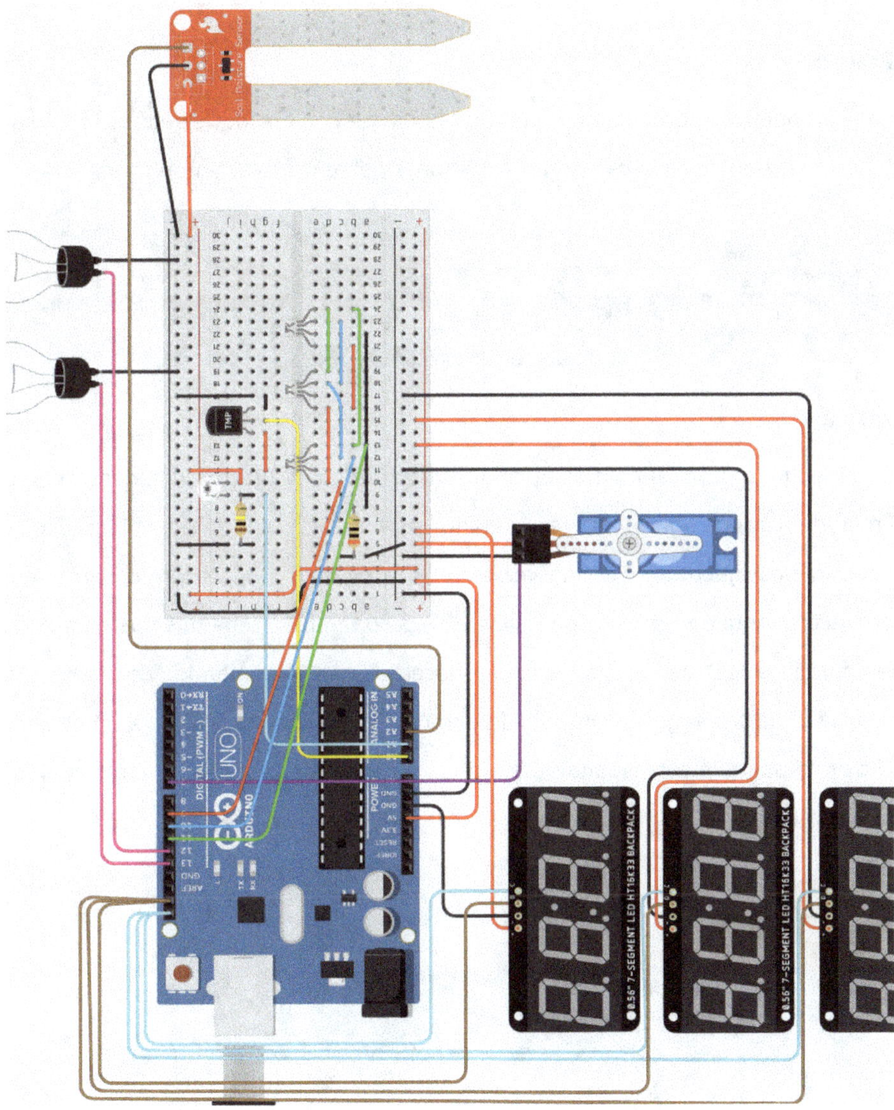

¡Perfecto! ¡Ahora hemos conectado con éxito todos los componentes y podemos empezar a programar! ¡Vamos!

6.3 Desarrollo del código del programa

En este capítulo iremos paso a paso por la programación necesaria. La programación será algo más corta y sencilla que en el proyecto anterior.

Paso 1:

En el primer paso comenzamos -como es habitual- con el bloque de título opcional (que se encuentra en la categoría "Notation") y el texto "plant monitoring".

Paso 2:

En el segundo paso, añadimos el bloque "on start", que ejecuta una determinada línea de código sólo una vez cuando se inicia el programa. ¿Qué código necesitamos ejecutar sólo una vez en este proyecto? ¡Piensa en los otros dos proyectos! Aquí no tenemos pantallas **LCD**, pero también tenemos que configurar las pantallas **LED** de 7 segmentos. Lo hacemos con el comando "configure LED display..." de la categoría "Output". Podemos ver el número y la dirección haciendo clic en la pantalla correspondiente. En el menú de ajustes que se abre, también puedes cambiar el color de la luz.

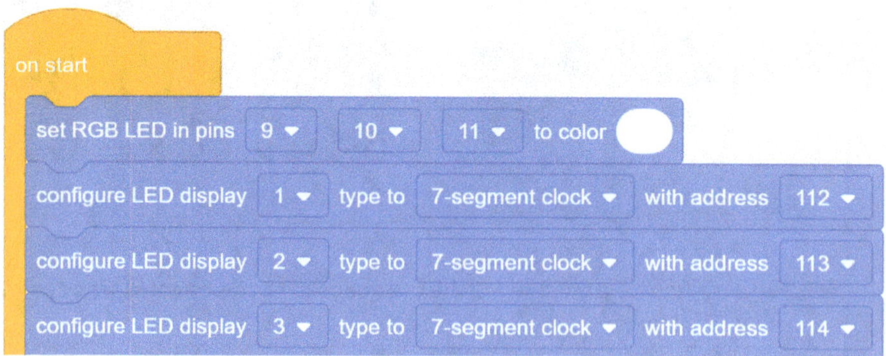

También ponemos la variable "timeCounter", que necesitaremos más adelante para los LEDs RGB, al valor inicial 0.

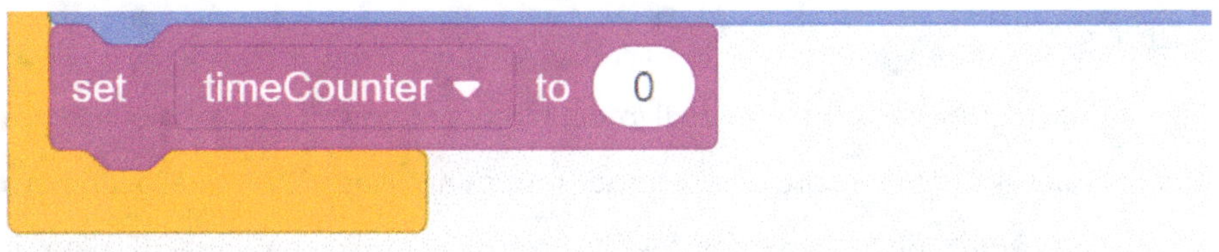

Para poder hacer esto, debemos, por supuesto, crear primero la variable en la categoría "Variables" haciendo clic en "Create Variable ...". También creamos todas las demás variables necesarias al mismo tiempo. En este proyecto seguimos necesitando las variables "light" para la luz ambiental, "soil" para la humedad del suelo y "temp" para la temperatura ambiental.

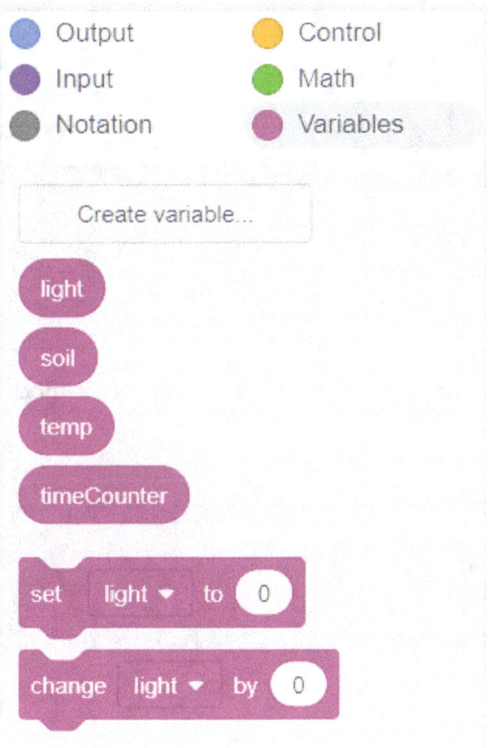

El comando "on start" ha terminado y las variables están creadas. Así que ahora podemos pasar al siguiente paso.

Paso 3:

En este paso empezamos con el código del bloque "forever". Primero queremos leer los valores de los sensores y mostrarlos en las pantallas LED. Para ello, primero leemos los valores de los sensores, los escalamos cada uno con un factor para su mejor visualización y luego asignamos el valor a la variable correspondiente.

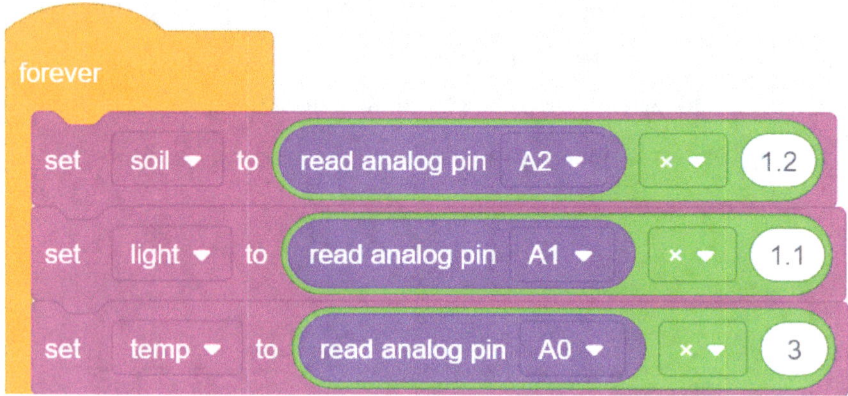

Para mostrarnos los valores en porcentajes entre 0 y 100 en la pantalla, utilizamos por un lado la función ya conocida "map ()" (para convertir los valores del sensor) y por otro la función "constrain ()" para limitar el valor de la temperatura a un rango de 0 a 100. La documentación detallada de la función "constrain ()" se encuentra aquí:

https://www.arduino.cc/reference/en/language/functions/math/constrain/

Con "print to LED display ..." podemos entonces mostrar el valor del sensor respectivo convertido en el rango de 0 - 100 en la pantalla respectiva.

Paso 4:

Ahora sólo necesitamos el control de los actuadores, es decir, el control del servomotor que va a regular el suministro de agua, el control de los LEDs RGB y el control de las bombillas en función de la luz y la temperatura ambiente.

En este paso comenzamos con el control de los LEDs RGB. Queremos que los LEDs se enciendan en rojo durante 15 segundos en cuanto oscurezca. Para ello, primero utilizamos una condición if e implementamos la siguiente sentencia: Si el valor de la variable "light" (valor del sensor de luz ambiental) es menor que el valor 500 (también se puede cambiar; sólo tienes que probarlo), entonces debemos esperar 1 segundo y luego aumentar el valor de la variable "timeCounter" en +1.

Nuestros LEDs RGB deben encenderse durante 15 segundos, es decir, ahora necesitamos una condición if-else que diga lo siguiente: Si la variable "timeCounter" es menor que 15 (el valor 15 aquí significa 15 segundos, ya que esperamos 1 segundo antes de aumentar el valor de la variable), entonces el LED debe encenderse en rojo, de lo contrario el LED debe apagarse. ¡Pruébalo tú mismo antes de echar un vistazo a la siguiente ilustración (solución)!

Como puedes ver, hay un comando independiente para determinar el color de los LEDs RGB. Lo único que tenemos que hacer aquí es seleccionar los pines de Arduino a los que se conectan los LEDs (9, 10, 11) y así podremos determinar el color. Si el LED no se enciende, simplemente ponemos los pines de conexión en "LOW" ("off").

Paso 5:

En este paso seguimos con el control del servomotor, que podría regular un suministro de agua. A partir de un determinado nivel de humedad del suelo de la planta (=valor del sensor de humedad del suelo), el suministro de agua debe abrirse o detenerse. Para ello utilizamos una condición if-else y determinamos que el valor del sensor debe ser menor o mayor que 500 (elegido libremente) para que se active o desactive el suministro de agua.

Como vemos, en este código de programa hemos supuesto que la alimentación de agua está abierta cuando el servomotor está en la posición de 0 grados. El suministro de agua se cierra cuando el servomotor se mueve a la posición de 90 grados. Esto ocurre cuando hay suficiente humedad en el suelo (el valor del sensor almacenado en "soil" es superior a 500). Podríamos haber escrito este código de otra manera. ¿Sabes cómo? Por ejemplo, podríamos haber escrito que el suministro de agua debe abrirse (en la posición de 0 grados o también en la de 90 grados; según el momento en que se abra el suministro de agua) cuando el valor de "soil" sea inferior a 500 (es decir, la tierra de la maceta está demasiado seca). Esto da lugar a la misma acción.

Paso 6:

De forma casi idéntica al paso 5, en este paso también se procede al control de las dos bombillas en función de la temperatura ambiente. Puedes probarlo por tu cuenta primero, ¡es la mejor manera de aprender! Haz una breve pausa aquí y luego mira la solución.

Queremos que las bombillas (nuestro calentador temporal) se enciendan cuando haga demasiado frío (valor de temperatura inferior a 15° C). Para ello utilizamos una condición if-else. La ecuación del valor de la temperatura es: Temp_C = (valor del sensor - 104) * 165/338. También hemos multiplicado nuestra variable "temp" por un factor de 3 al principio, así que también tenemos que tenerlo en cuenta aquí. Por tanto, para averiguar el valor que debemos dar para 15 °C en nuestra condición, tenemos que calcular lo siguiente: temp = ((Temp_C * 338/165) + 104) *3. Entonces: temp = ((15 °C * 338/165) + 104) * 3 = 404,18. Redondeamos el valor a 400, que es el valor que tenemos que especificar para la variable "temp" en la condición if-else.

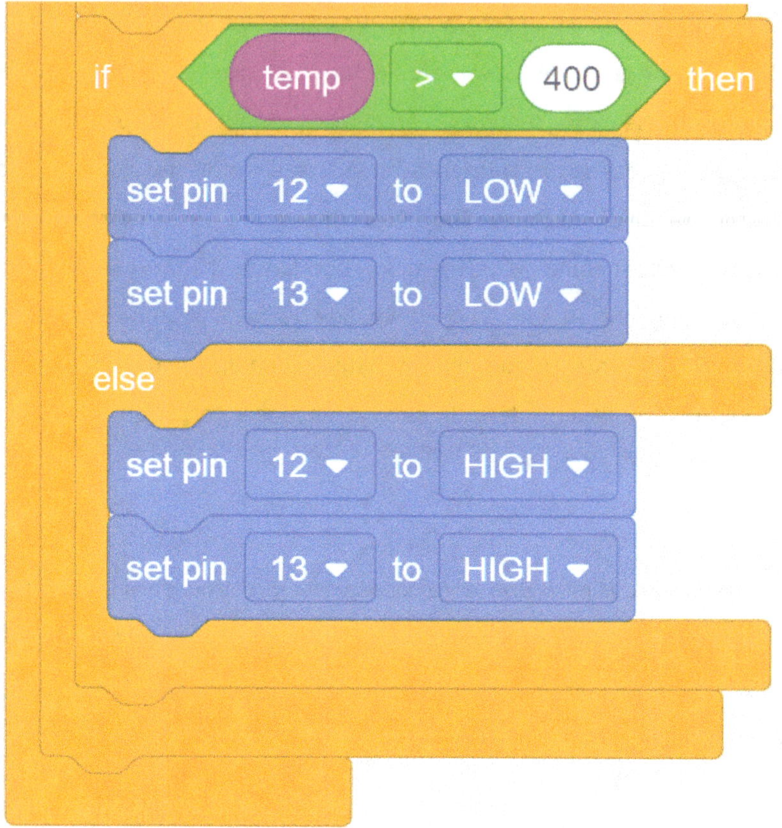

Así que hemos implementado lo siguiente: Si la temperatura es superior a 15 °C (temp > 400), los pines 12 y 13, que controlan el circuito de las dos bombillas, deben recibir el valor "LOW" ("off"). En caso contrario (es decir, si la temperatura cae por debajo de 15 °C o el valor del sensor es 400), las bombillas deben recibir corriente para poder encenderse (pines 12 y 13 "HIGH"). ¡Magníficamente! Ahora hemos terminado con el código del programa y podemos disfrutar de la simulación. Los valores de los sensores se pueden simular -como es habitual- con la ayuda de un deslizador cuando haces clic en el sensor correspondiente. Por cierto, los LEDS se iluminan durante 15 segundos al principio, porque el valor de salida del sensor está ajustado en oscuridad total debido al programa. El servomotor también se desplaza brevemente a 90° y vuelve a hacerlo para la inicialización.

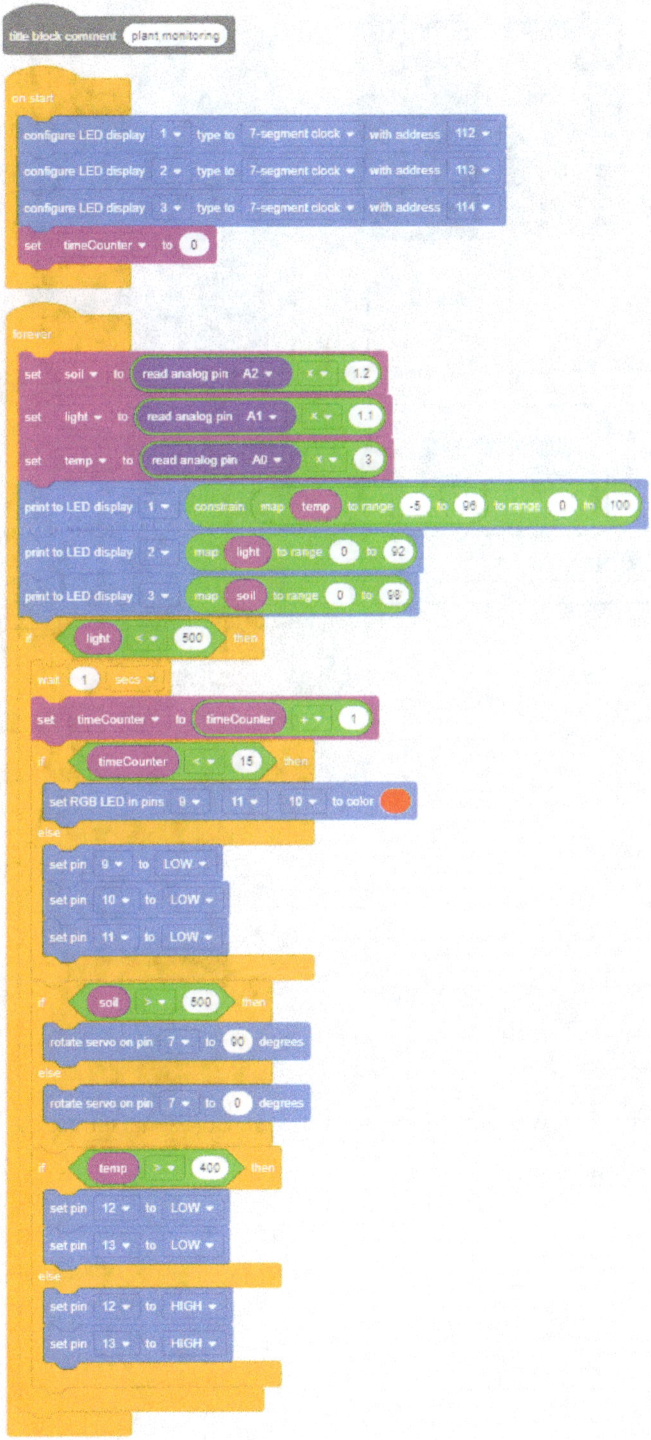

title block comment (plant monitoring)

on start
configure LED display 1 ▾ type to 7-segment clock ▾ with address 112 ▾
configure LED display 2 ▾ type to 7-segment clock ▾ with address 113 ▾
configure LED display 3 ▾ type to 7-segment clock ▾ with address 114 ▾
set timeCounter ▾ to 0

forever
set soil ▾ to read analog pin A2 ▾ × ▾ 1.2
set light ▾ to read analog pin A1 ▾ × ▾ 1.1
set temp ▾ to read analog pin A0 ▾ × ▾ 3
print to LED display 1 ▾ constrain map temp to range -5 to 96 to range 0 to 100
print to LED display 2 ▾ map light to range 0 to 92
print to LED display 3 ▾ map soil to range 0 to 98
if light < ▾ 500 then
wait 1 secs ▾
set timeCounter ▾ to timeCounter + ▾ 1
if timeCounter < ▾ 15 then
set RGB LED in pins 9 ▾ 11 ▾ 10 ▾ to color ●
else
set pin 9 ▾ to LOW ▾
set pin 10 ▾ to LOW ▾
set pin 11 ▾ to LOW ▾
if soil > ▾ 500 then
rotate servo on pin 7 ▾ to 90 degrees
else
rotate servo on pin 7 ▾ to 0 degrees
if temp > ▾ 400 then
set pin 12 ▾ to LOW ▾
set pin 13 ▾ to LOW ▾
else
set pin 12 ▾ to HIGH ▾
set pin 13 ▾ to HIGH ▾

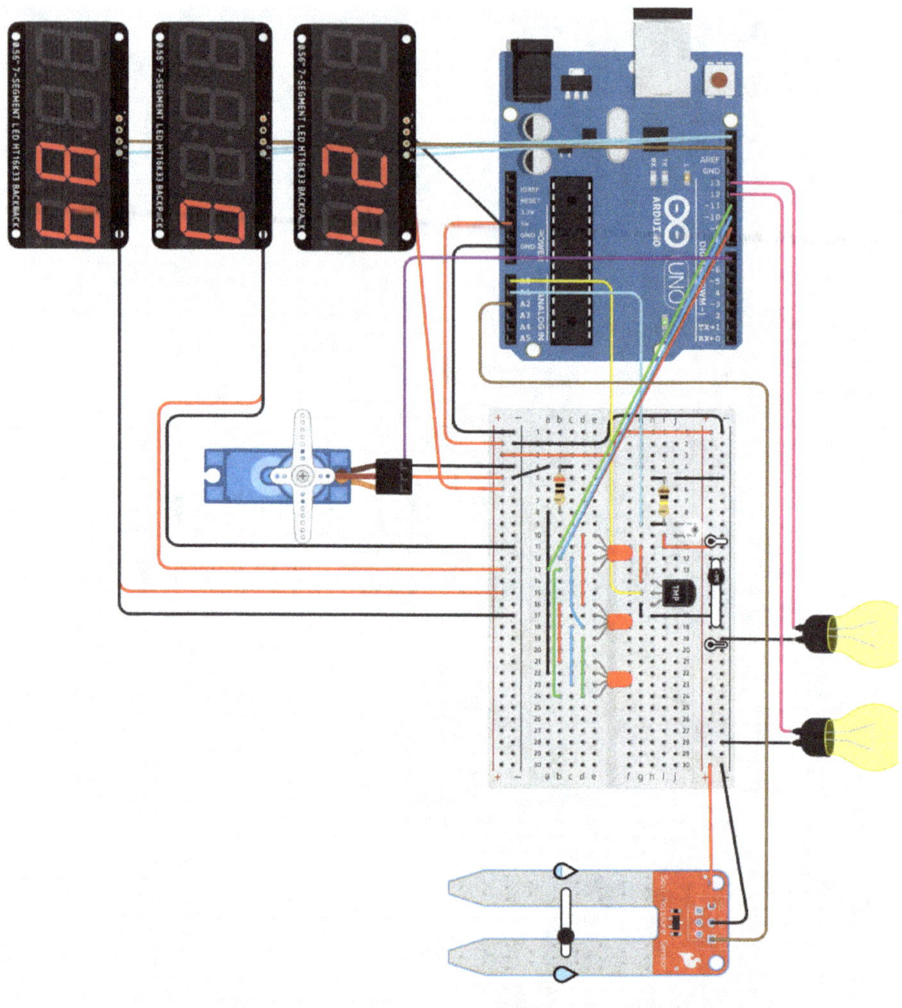

Puedes volver a ajustar los valores de los sensores haciendo clic en ellos y utilizando el deslizador.

7 Proyecto 4 | Asistencia al aparcamiento y control del aire en los garajes

En este proyecto, estamos trabajando en una ayuda para aparcar nuestro coche en el garaje. El sistema puede fijarse a la pared del garaje, por ejemplo, y debe mostrarnos la distancia que tenemos hasta la pared con nuestro coche.

En este proyecto utilizamos un sensor ultrasónico para determinar la distancia y una pantalla LCD para mostrar la distancia. La distancia entre el sensor y el objeto (por ejemplo, el parachoques del coche) debe mostrarse en la pantalla en "cm". El proceso debe comenzar a una distancia de unos 320 cm (distancia máxima que puede medir el sensor ultrasónico) y terminar a una distancia de unos 2 cm (distancia mínima que puede medir el sensor ultrasónico).

Para complicar un poco más este proyecto, también vigilaremos la puerta del garaje. Por ejemplo, podemos colocar un sensor de inclinación en la puerta del garaje. Cuando la puerta del garaje está cerrada (puerta basculante), debe encenderse un LED RGB, por ejemplo en amarillo. En cuanto la puerta del garaje esté completamente cerrada, el LED RGB debería iluminarse en verde, por ejemplo. El control del cierre completo podría realizarse, por ejemplo, mediante un sensor de fuerza, en el punto de parada de la puerta del garaje.

Por último, integraremos en el proyecto un sensor de gas para controlar el aire del garaje. En cuanto se detecta una cantidad significativa de gas, un LED rojo parpadea y suena un zumbador. En este caso, un servomotor también debería moverse a la posición de 90º, lo que podría, por ejemplo, abrir una ventana para el suministro de aire fresco mediante un mecanismo. En cuanto no se detecte más gas, el proceso debe ir hacia atrás, es decir, el motor debe cerrar la ventana desplazándose a la posición 0°. El LED y el sonido también deben apagarse.

7.1 Componentes necesarios

Enlace al proyecto Tinkercad: https://bit.ly/3aj86Sv

Número	Designación
1	Arduino Uno
1	Tablero de pruebas (Breadboard small)
1	Sensor ultrasónico **Parallax PING))** (ultrasonic distance sensor)
1	Sensor de inclinación SW 200D (tilt sensor)
1	Sensor de fuerza (force sensor)
1	Sensor de gas (gas sensor)
1	Servomotor
1	Zumbador piezoeléctrico (Piezo)
1	LEDs RGB
1	LED (rojo)
1	Resistencia de 10 kΩ para el sensor de inclinación
2	Resistencia de 100 Ω para el LED RGB y el LED
2	Resistencia de 1 kΩ para el sensor de gas y el sensor de fuerza
1	Pantalla LCD 16×2 **(basada en I2C y MCP23008)**

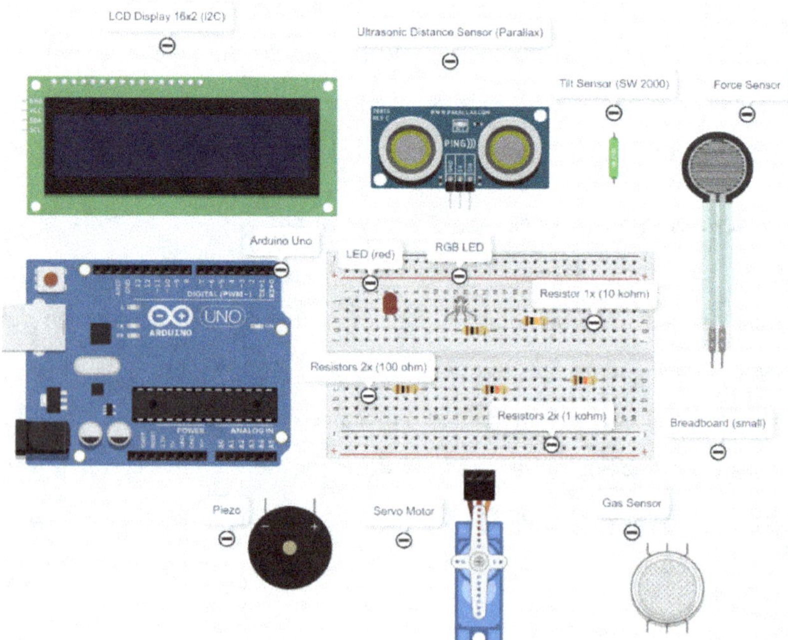

Actualización del sensor ultrasónico "Parallax PING 28015":

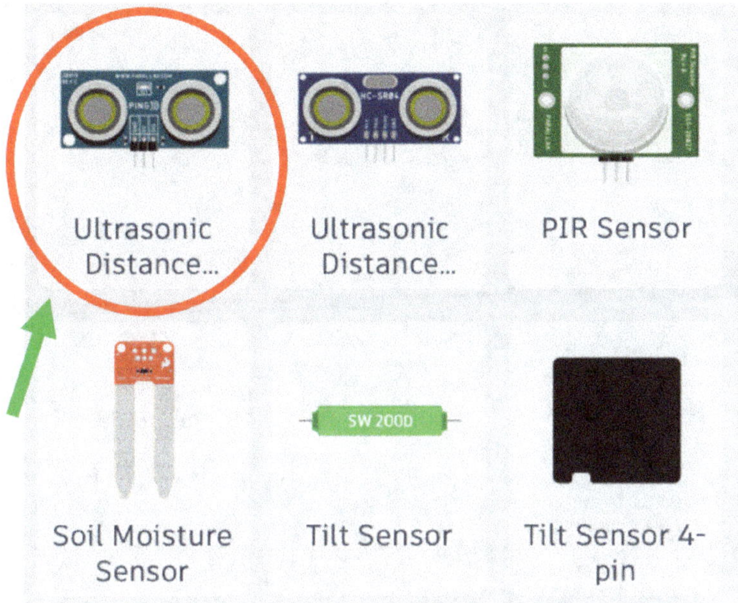

El sensor "PING 28015" de "Parallax" es un sensor de proximidad de bajo coste basado en ultrasonidos. Según la hoja de datos del fabricante, el rango de detección de este sensor está entre 2 cm y 300 cm, lo que puede considerarse un buen rango. Una característica especial de este sensor es que puede comunicarse con un microcontrolador, por ejemplo el Arduino, utilizando sólo un pin ("SIG"). Por un lado, esto facilita la conexión, y por otro, ayuda en proyectos complejos a poder utilizar el número limitado de pines de entrada y salida con muchos otros componentes. El sensor tiene dos conexiones adicionales "GND" y "5V", que, como probablemente ya habrás adivinado, son necesarias para la alimentación. La ficha técnica completa puede descargarse aquí: https://www.mouser.com/datasheet/2/321/28015-PING-Sensor-Product-Guide-v2.0-461050.pdf

7.2 El diseño del circuito

Antes de empezar a cablear nuestros componentes, veamos de nuevo la vista esquemática del diagrama del circuito requerido.

Esquema del circuito:

Para el cableado, empezamos como siempre con la protoboard como punto de partida en el centro del circuito y el Arduino a la izquierda.

Equipamos la protoboard con el LED rojo, el LED RGB y las resistencias, como se muestra. Luego conectamos la protoboard a la fuente de alimentación del Arduino (5V y GND para el Arduino y "+" y "-" para la protoboard). También conectamos las dos líneas superiores "+" y "-" de la protoboard a la fuente de alimentación. Por último, añadimos los cables negro y rojo como se indica. Luego los necesitaremos para los demás componentes.

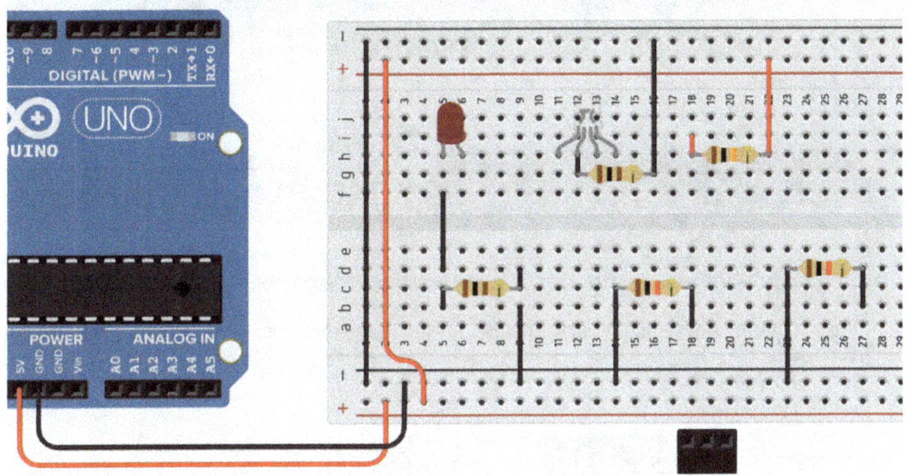

Luego conectamos los pines del LED RGB (azul, verde, rojo) a los pines 5, 6 y 9 de Arduino. También conectamos el ánodo del LED rojo al pin 4 del Arduino.

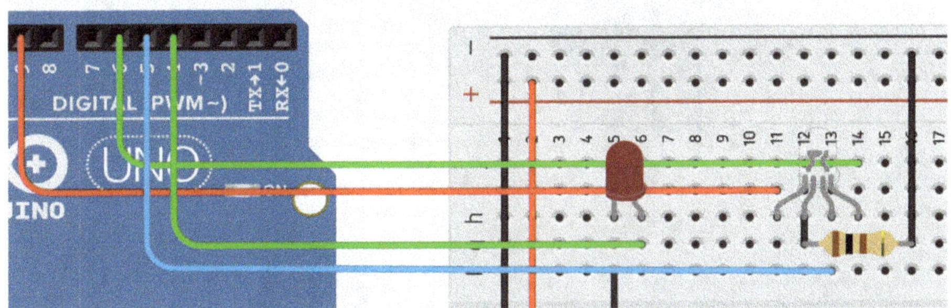

A continuación, conectamos la pantalla LCD. Ya tenemos práctica en esto.

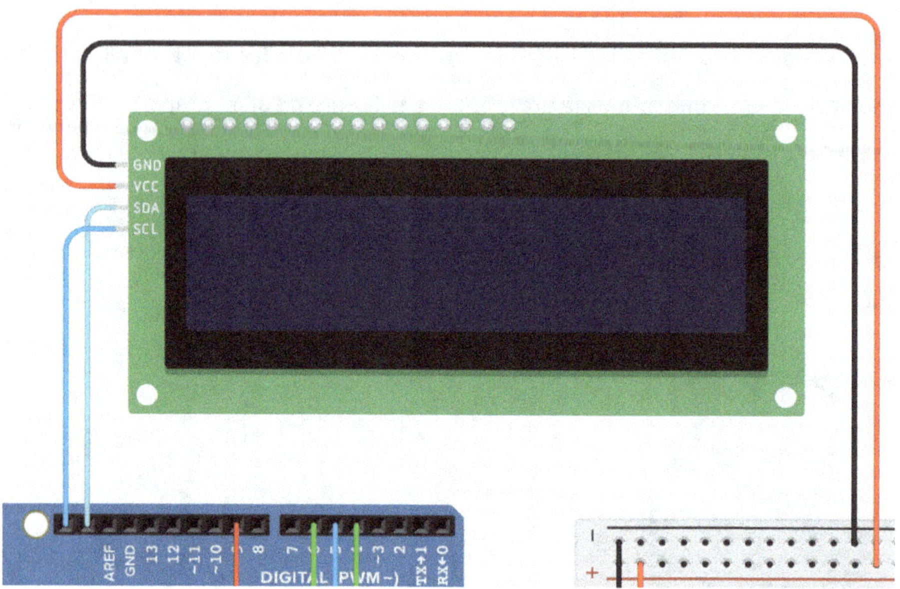

También cableamos el zumbador piezoeléctrico utilizando el pin 3 de Arduino por un lado (cable amarillo) y conectando el piezoeléctrico a la masa ("-") de la protoboard por otro.

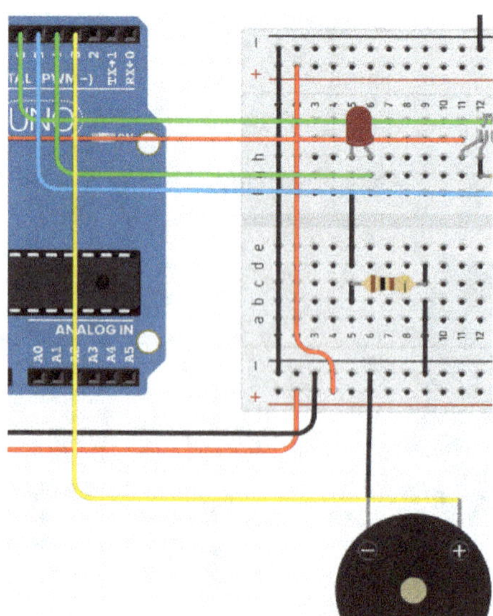

A continuación, conectamos también el servomotor suministrándole energía y colocando un cable morado desde el pin 10 de Arduino hasta la toma de señal del servomotor.

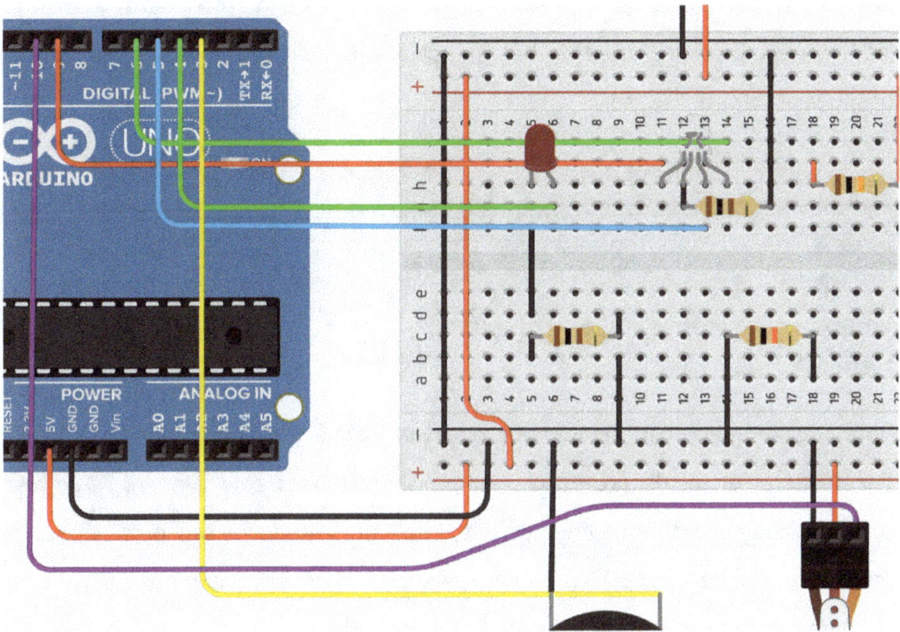

Luego viene la conexión del sensor ultrasónico. Aquí también necesitamos una fuente de alimentación y también ponemos una línea de datos (naranja) desde "SIG" hasta el pin 11 de Arduino.

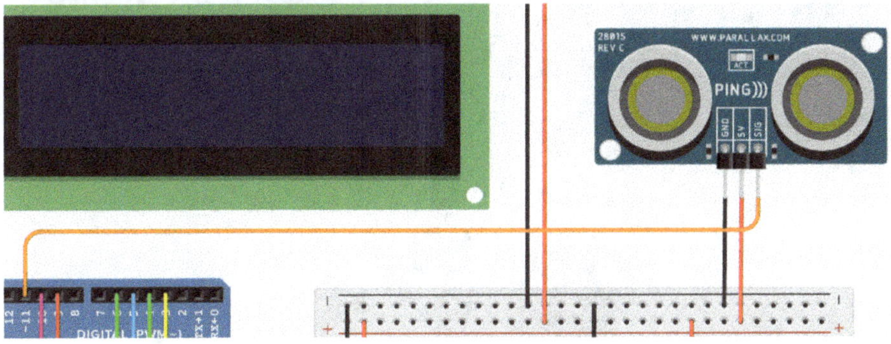

Ahora también podemos conectar el sensor de inclinación. Para ello, conectamos una de las conexiones del sensor (no importa cuál) a la línea "-" de la protoboard. Dividimos la otra conexión mediante una línea amarilla. Por un lado, alimentamos el sensor a través de una resistencia con la línea "+" de la protoboard, y por otro lado, conectamos una línea de datos rosa al pin 2 de Arduino para poder leer después el valor del sensor.

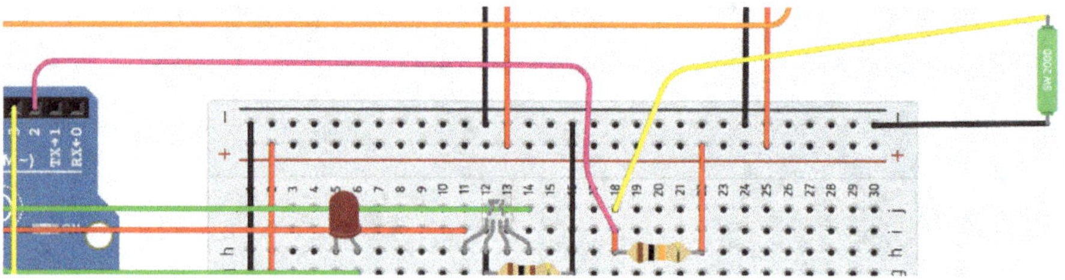

Ahora nos falta el sensor de fuerza y el sensor de gas, que conectamos a la fuente de alimentación de la protoboard como sigue (líneas roja y negra). También tenemos que conectar una línea de datos de cada uno de los sensores (azul claro para el sensor de fuerza y verde para el sensor de gas) a los pines A0 y A1 del Arduino para poder leer sus valores posteriormente.

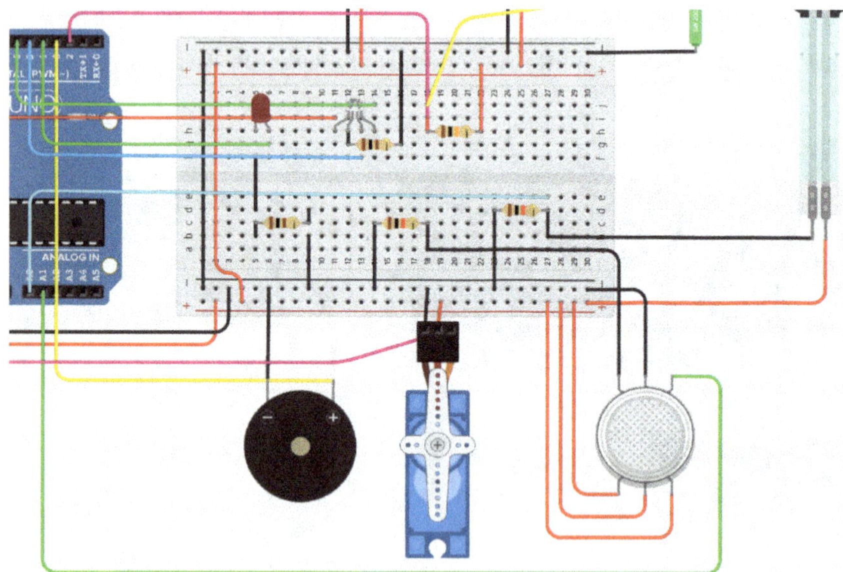

Esquema eléctrico completo:

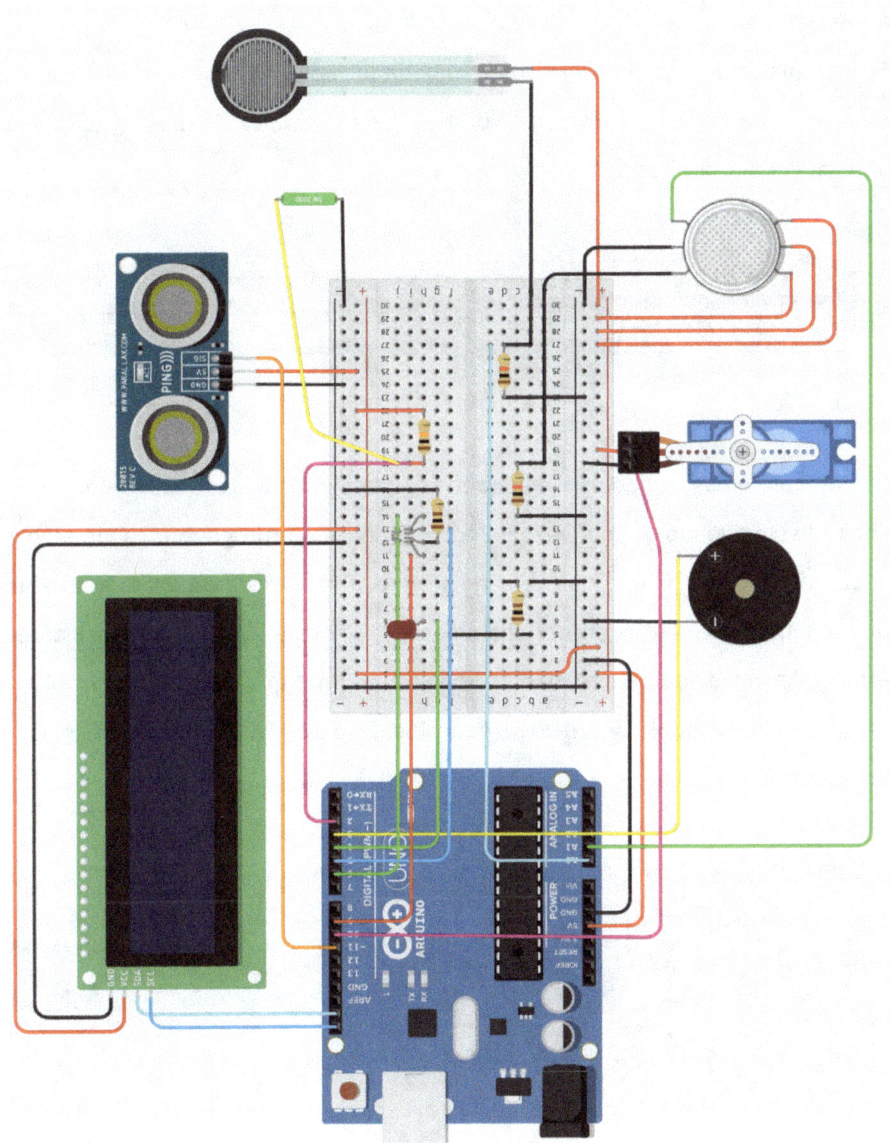

¡Perfecto! ¡Ahora hemos conectado con éxito todos los componentes y podemos empezar a programar! ¡Vamos!

7.3 Desarrollo del código del programa

En este capítulo, volveremos a recorrer paso a paso la programación necesaria.

Paso 1:

En el primer paso comenzamos -como es habitual- con el bloque de título opcional (que se encuentra en la categoría "Notation") y la descripción: "parking assistance and garage-air monitoring".

Paso 2:

En el segundo paso, añadimos el bloque "on start", que ejecuta una determinada línea de código sólo una vez cuando se inicia el programa. ¿Qué código necesitamos ejecutar sólo una vez en este proyecto? A estas alturas ya sabemos que tenemos que configurar definitivamente la pantalla LCD. Además, asignamos el valor 0 a una de nuestras variables (todavía tenemos que crearla) al principio. La variable se llama "togle" y será la responsable del parpadeo del LED rojo (similar al proyecto 2).

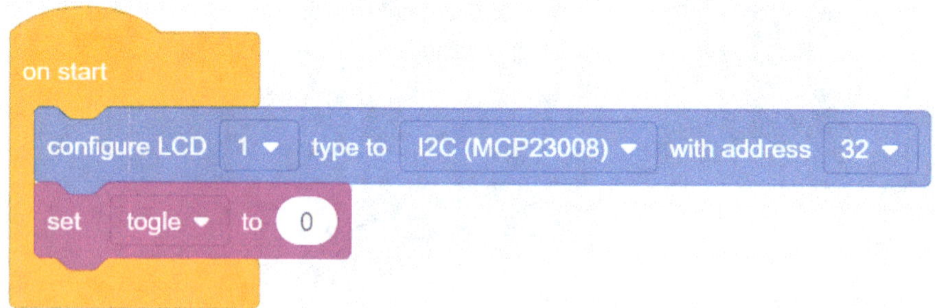

Paso 3:

Ahora creamos también todas las demás variables que necesitamos. Estos son: "distance" para el sensor de distancia, "tilt" para el sensor de inclinación, "force" para el sensor de fuerza y "gas" para el sensor de gas.

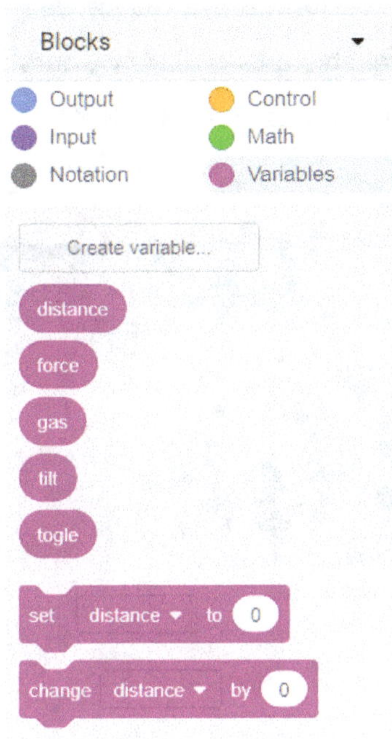

Paso 4:

Ahora utilizamos las variables creadas antes para almacenar en ellas los respectivos valores de los sensores, después de leerlos. Lo hacemos -como ya estamos acostumbrados- con? Exactamente, con "set ... to" y "read ...".

Hay una característica especial a tener en cuenta con el sensor ultrasónico. Nuestro sensor ultrasónico tiene conexiones para la alimentación (5V y GND) y <u>una</u>

conexión para la señal (SIG). Esta conexión también se denomina "Trigger" en otros sensores. Cuando esta patilla del sensor recibe una señal, el sensor ultrasónico emite una onda ultrasónica. Sin embargo, con otros sensores hay una patilla adicional llamada "Echo" en la que se produce una señal en cuanto la señal ultrasónica reflejada por el objeto es recibida de nuevo por el sensor. Este es el caso, por ejemplo, del sensor ultrasónico "HC-SR04":

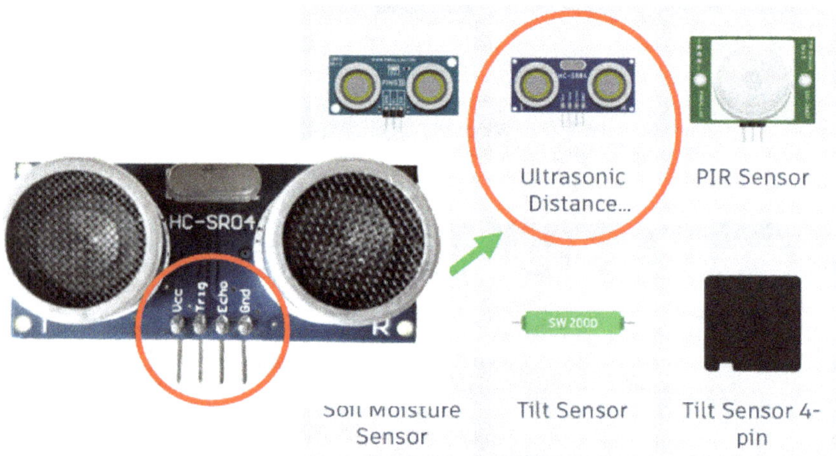

En nuestro caso, sin embargo, el sensor sólo tiene un pin (SIG) para estas dos funciones, así que ajustamos el "trigger pin" a 11 (conexión en el Arduino) y el "echo pin" a "same as trigger". También especificamos la unidad de medida en la que debe salir el valor medido (cm).

Los demás sensores se leen normalmente con "read digital ..." o "read analog ..." en sus pines de conexión (2, A0, A1) y los valores medidos se almacenan en la variable respectiva con "set ...".

Paso 5:

Como queremos mostrar el valor medido por el sensor de ultrasonidos en la pantalla LCD, en este paso crearemos la programación para ello. Piensa si ya eres capaz de hacerlo por ti mismo. Es relativamente sencillo, utilizamos los mismos comandos que siempre utilizamos cuando queremos mostrar algo en una pantalla.

Pantalla: "Distancia: *valor* cm"

Podemos ponerlo en práctica de la siguiente manera:

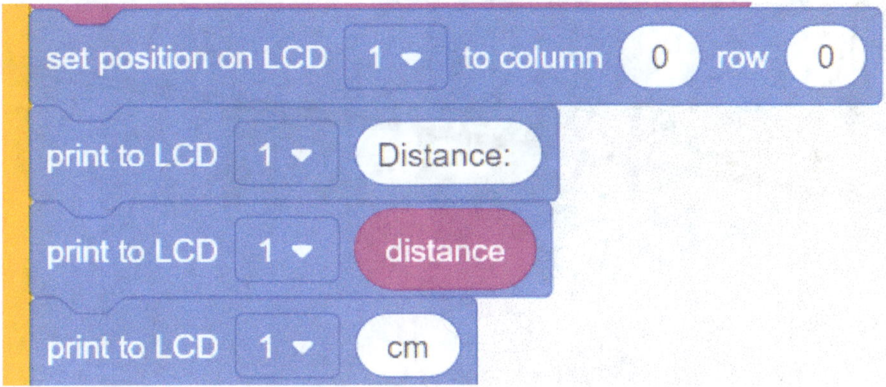

Paso 6:

A continuación, implementamos la función de aviso (sonido piezoeléctrico y parpadeo del LED rojo) y el mecanismo de apertura de la ventana (servomotor). ¡También puedes probarlo por tu cuenta primero! Fijamos el valor del umbral de activación en 110 (sensor de gas), por ejemplo. También puedes programar el proceso de parpadeo del LED al mismo tiempo, pues ya habíamos implementado dicho proceso en el proyecto 2.

Ayuda: Primero utiliza una condición if-else (si "gas" > valor, entonces acción... si no, acción hacia atrás) y en esta primera condición if-else utiliza otra condición if-else anidada para el parpadeo. Utiliza la variable "togle" y los dos valores "0" o "1" para el proceso de parpadeo.

Solución:

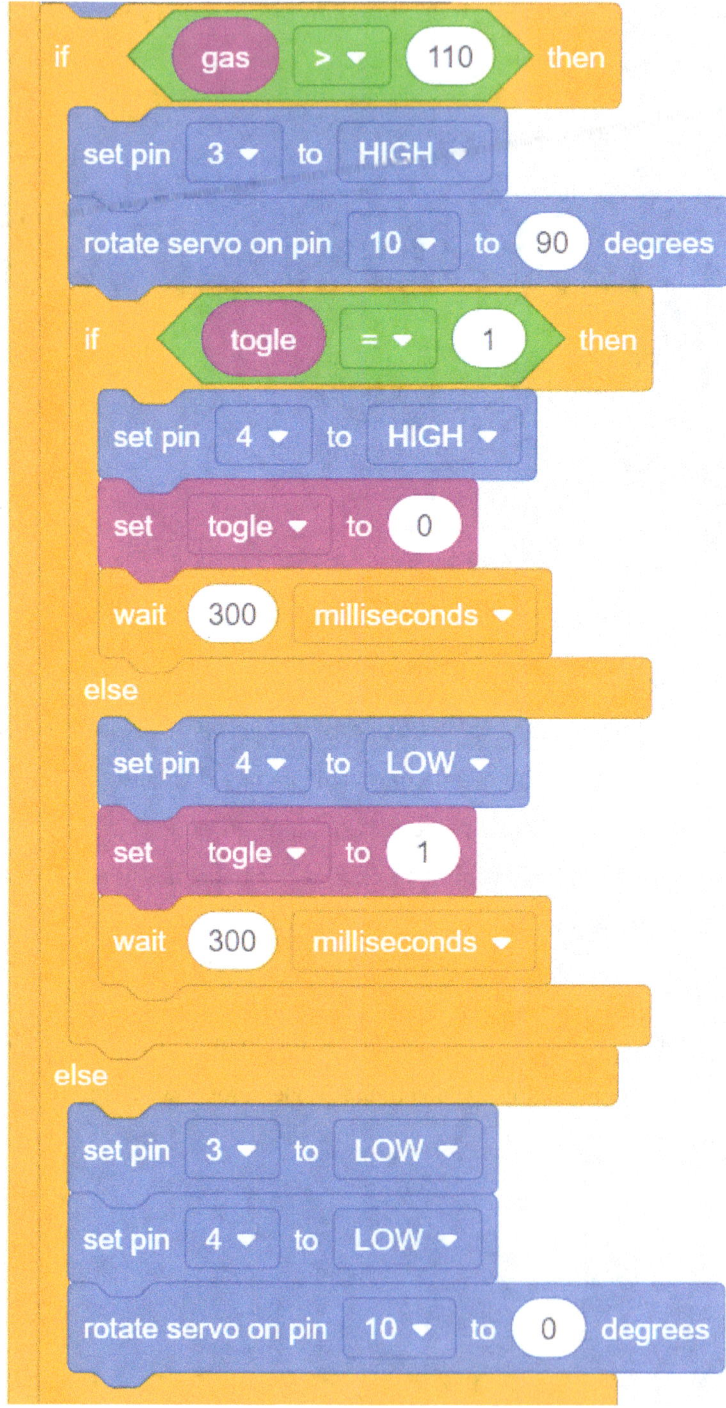
if gas > 110 then
set pin 3 to HIGH
rotate servo on pin 10 to 90 degrees
if togle = 1 then
set pin 4 to HIGH
set togle to 0
wait 300 milliseconds
else
set pin 4 to LOW
set togle to 1
wait 300 milliseconds
else
set pin 3 to LOW
set pin 4 to LOW
rotate servo on pin 10 to 0 degrees

Puede ser que tu solución tenga un aspecto un poco diferente estructuralmente, siempre que el contenido sea idéntico y la función esté garantizada, la solución también puede tener un aspecto diferente, aquí no hay un solo camino. Prueba tu solución a ver si funciona.

Paso 7:

Siguen faltando las acciones del sensor de fuerza y del sensor de inclinación. En este paso, nos ocuparemos primero del sensor de fuerza. Si la fuerza es mayor que el valor umbral de 70, el LED RGB debe encenderse en verde porque entonces la puerta del garaje está cerrada. Podemos ponerlo en práctica de forma bastante sencilla como sigue:

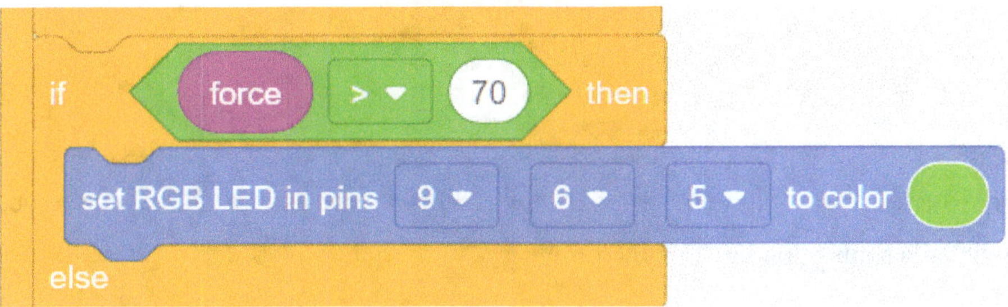

Paso 8:

En este último paso, también implementamos el sensor de inclinación. El LED RGB debe iluminarse en amarillo en cuanto la puerta del garaje se incline, de lo contrario el LED RGB debe iluminarse en blanco. El sensor de inclinación emite la señal digital "ON" ("1") cuando está en posición horizontal (sin inclinación). En cuanto el sensor de inclinación se mantiene en un ángulo (>10 grados; inclinación), una pequeña bola en su interior rueda hacia el otro extremo. Esto rompe el circuito y el sensor emite la señal "OFF" ("0"). Así que, básicamente, el sensor es un interruptor sensible a la inclinación.

Así que tenemos que crear un código de programa que haga que el RGB se ilumine en amarillo cuando el sensor dé el valor "0" (utiliza la variable "tilt"). De lo contrario, el RGB debería iluminarse en blanco. ¡Pruébalo! La solución sigue en breve.

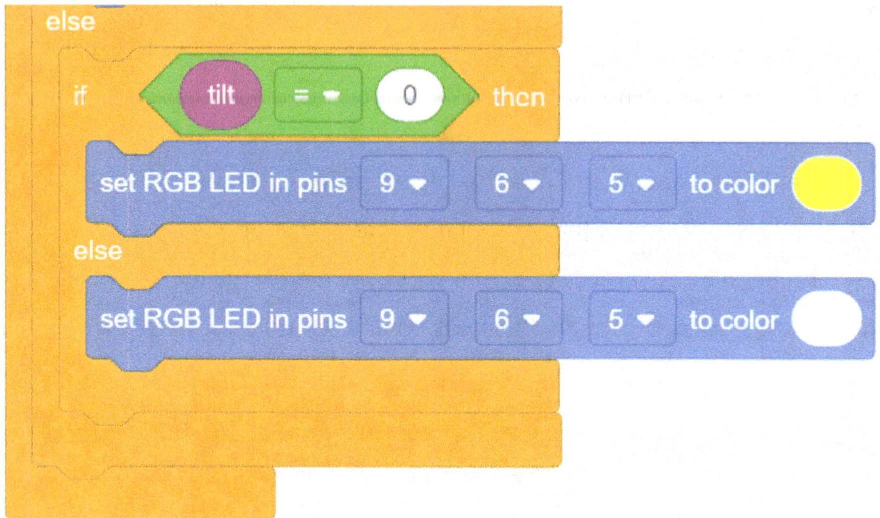

¡Perfecto! Ahora también hemos completado con éxito este proyecto y podemos iniciar la simulación en Tinkercad.

¡Después continuaremos con nuestro último proyecto! Pronto lo habremos conseguido. A estas alturas es probable que puedas hacer por tu cuenta algunos proyectos más que llevas tiempo queriendo hacer.

```
title block comment ( parking assistance and garage-air monitoring )

on start
    configure LCD  1 ▾  type to  I2C (MCP23008) ▾  with address  32 ▾
    set  togle ▾  to  0

forever
    set  distance ▾  to  read ultrasonic distance sensor on trigger pin  11 ▾  echo pin  same as trigger ▾  in units  cm ▾
    set  tilt ▾  to  read digital pin  2 ▾
    set  force ▾  to  read analog pin  A0 ▾
    set  gas ▾  to  read analog pin  A1 ▾
    set position on LCD  1 ▾  to column  0  row  0
    print to LCD  1 ▾  ( Distance: )
    print to LCD  1 ▾  ( distance )
    print to LCD  1 ▾  ( cm )
    if  ( gas  > ▾  110 )  then
        set pin  3 ▾  to  HIGH ▾
        rotate servo on pin  10 ▾  to  90  degrees
        if  ( togle  = ▾  1 )  then
            set pin  4 ▾  to  HIGH ▾
            set  togle ▾  to  0
            wait  300  milliseconds ▾
        else
            set pin  4 ▾  to  LOW ▾
            set  togle ▾  to  1
            wait  300  milliseconds ▾
    else
        set pin  3 ▾  to  LOW ▾
        set pin  4 ▾  to  LOW ▾
        rotate servo on pin  10 ▾  to  0  degrees
    if  ( force  > ▾  70 )  then
        set RGB LED in pins  9 ▾  6 ▾  5 ▾  to color  ●
    else
        if  ( tilt  = ▾  0 )  then
            set RGB LED in pins  9 ▾  6 ▾  5 ▾  to color  ●
        else
            set RGB LED in pins  9 ▾  6 ▾  5 ▾  to color  ●
```

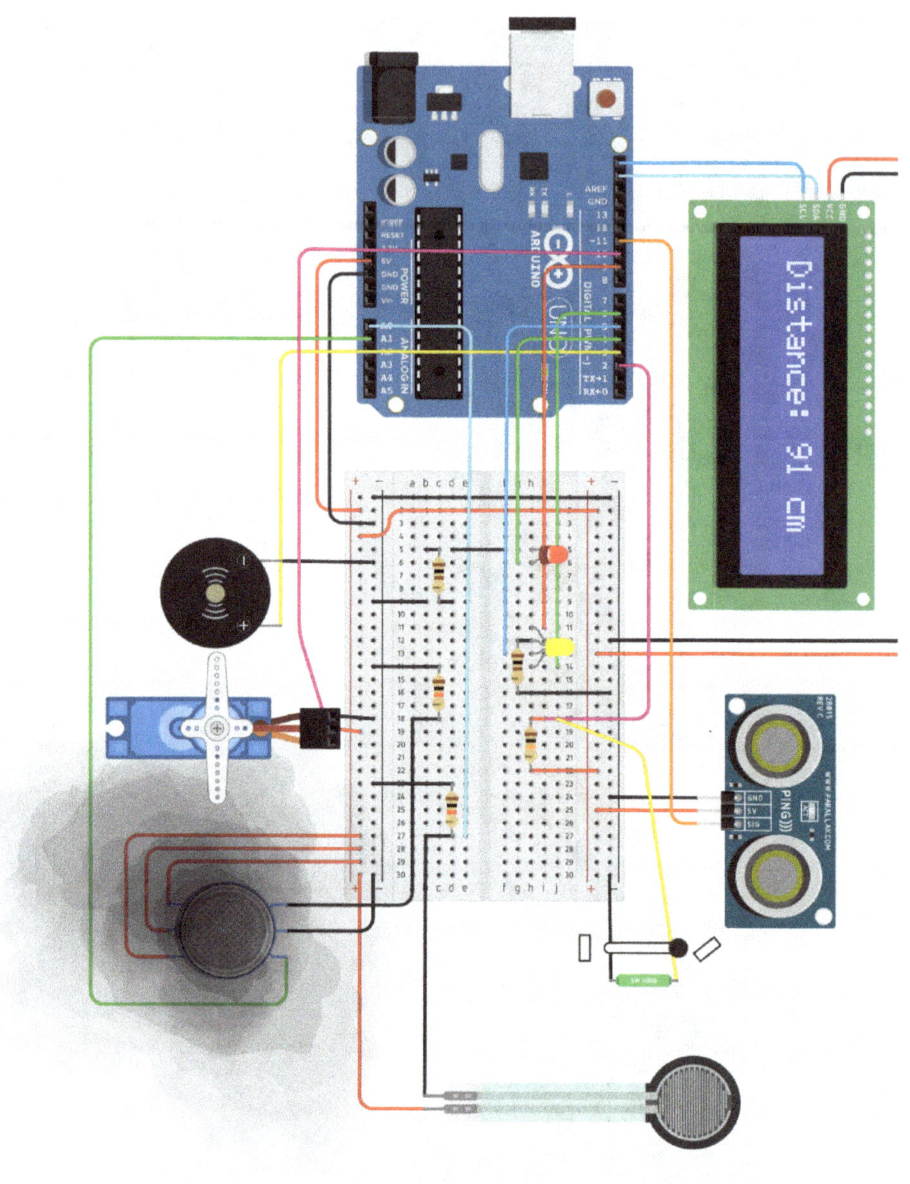

En este proyecto, hemos visualizado la distancia en "cm" en la pantalla LCD. También podrías mostrar la distancia con un anillo NeoPixel (24 LEDs).

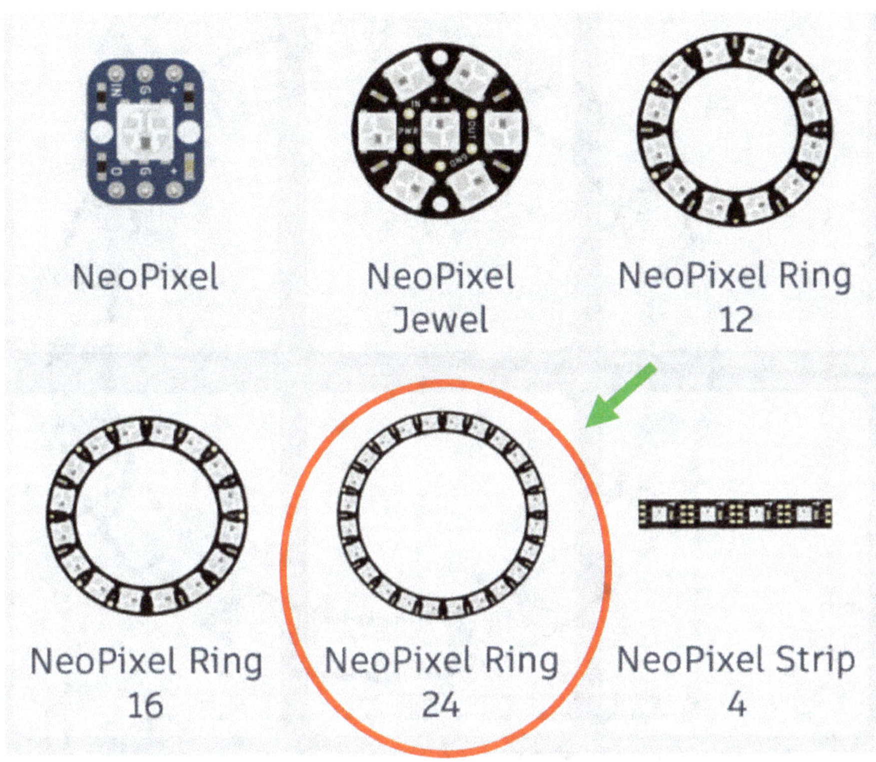

Por ejemplo, queremos que todos los LED del anillo se enciendan en cuanto estemos muy cerca de la pared del garaje con el coche. Cuanto más lejos estemos, menos LEDs del anillo deben encenderse. Si estamos muy lejos, no debería encenderse ningún LED.

El proyecto de Tinkercad con Neopixel LED se puede encontrar aquí:

https://bit.ly/3P8RBaC

Tenemos que hacer los dos cambios siguientes en el diagrama del circuito del proyecto original:

1. eliminamos la pantalla LCD y su cableado

2. Cableamos el anillo de LEDs de NeoPixel (24) de la siguiente manera (rojo, negro, verde):

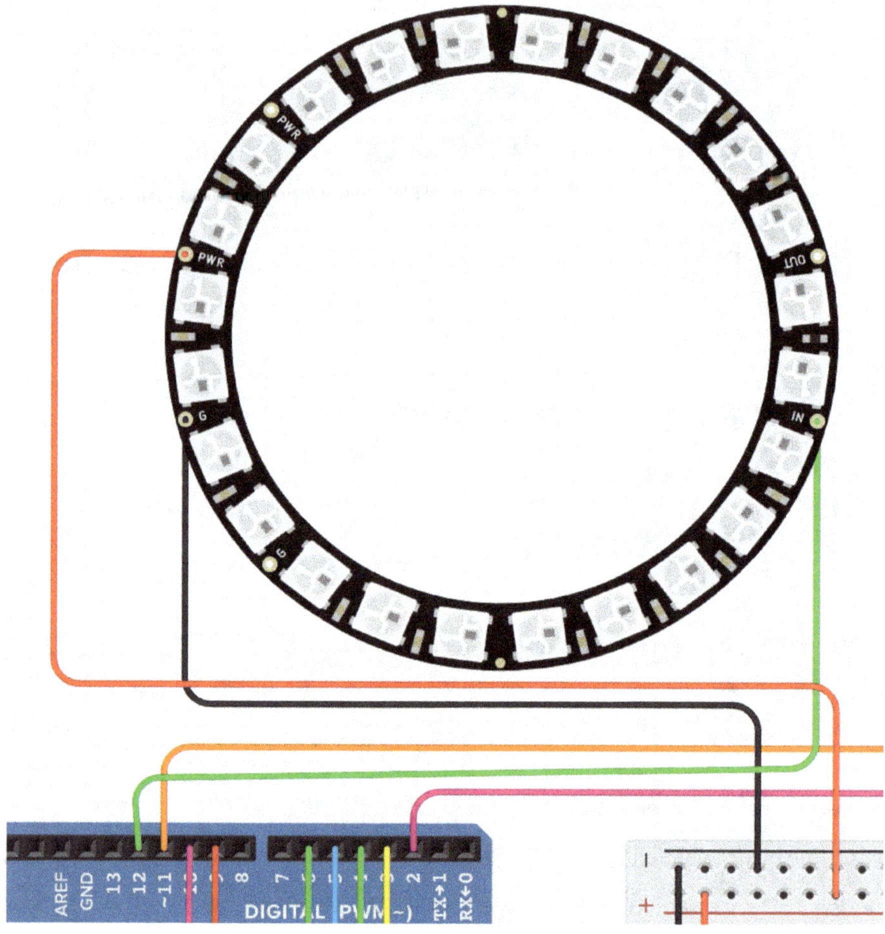

Para la programación, sin embargo, tenemos que volver a trabajar con código de texto para el anillo NeoPixel, ya que no hay ningún bloque disponible para este componente. Puedes volver a la visualización "Block + Text" en Tinkercad para el proyecto original y así comparar el código con el siguiente código de texto.

El código del programa es:

#include <Adafruit_NeoPixel.h>

#include <Servo.h>

```cpp
int distance = 0;

int telt = 0;

int force = 0;

int gas = 0;

int togle = 0;

#define PIN 12


Servo servo_10;

Adafruit_NeoPixel strip = Adafruit_NeoPixel(24, PIN, NEO_GRB + NEO_KHZ800);


long readUltrasonicDistance(int triggerPin, int echoPin)

{

  pinMode(triggerPin, OUTPUT);  // Clear the trigger

  digitalWrite(triggerPin, LOW);

  delayMicroseconds(2);

  // Sets the trigger pin to HIGH state for 10 microseconds

  digitalWrite(triggerPin, HIGH);

  delayMicroseconds(10);

  digitalWrite(triggerPin, LOW);

  pinMode(echoPin, INPUT);

  // Reads the echo pin, and returns the sound wave travel time in microseconds

  return pulseIn(echoPin, HIGH);

}
```

```arduino
void setup()

{

  pinMode(2, INPUT);

  pinMode(A0, INPUT);

  pinMode(A1, INPUT);

  pinMode(9, OUTPUT);

  pinMode(6, OUTPUT);

  pinMode(5, OUTPUT);

  pinMode(3, OUTPUT);

  servo_10.attach(10, 500, 2500);

  strip.begin();

  pinMode(4, OUTPUT);

Serial.begin(9600);

  togle = 0;

}


void loop()

{

  distance = 0.01723 * readUltrasonicDistance(11, 11);

  telt = digitalRead(2);

  force = analogRead(A0);

  gas = analogRead(A1);

  Serial.println(distance);

  LedStrip();
```

```cpp
if (gas > 110) {

  digitalWrite(3, HIGH);

  servo_10.write(90);

  if (togle == 1) {

    digitalWrite(4, HIGH);

    togle = 0;

    delay(300); // Wait for 300 millisecond(s)

  } else {

    digitalWrite(4, LOW);

    togle = 1;

    delay(300); // Wait for 300 millisecond(s)

  }

} else {

  digitalWrite(3, LOW);

  digitalWrite(4, LOW);

  servo_10.write(0);

}

if (force > 70) {

  analogWrite(9, 51);

  analogWrite(6, 255);

  analogWrite(5, 51);

} else {

  if (telt == 0) {

    analogWrite(9, 255);
```

```
    analogWrite(6, 255);

    analogWrite(5, 0);

  } else {

    analogWrite(9, 255);

    analogWrite(6, 255);

    analogWrite(5, 255);

  }

 }

}

void LedStrip()

{

 int level = map(distance, 20, 300, 24, 0);

 for(byte i=0; i<level; i++)

 {

  strip.setPixelColor(i, 0, 0, 255);

 }

 for(byte i=level; i<24; i++)

 {

  strip.setPixelColor(i, 0, 0, 0);

 }

 strip.show();

}
```

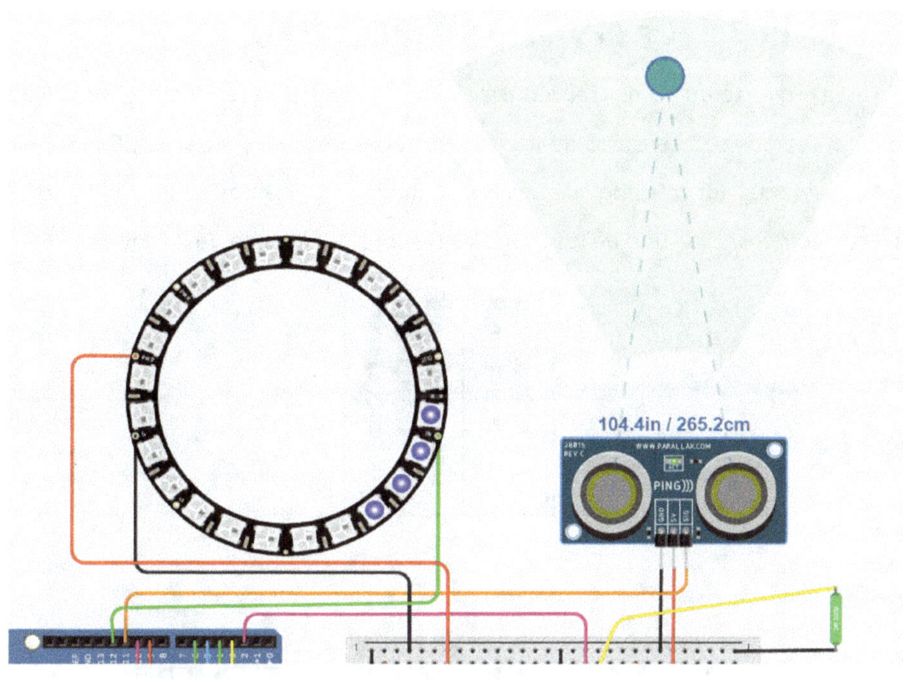

104.4in / 265.2cm
WWW.PARALLAX.COM
PING)))

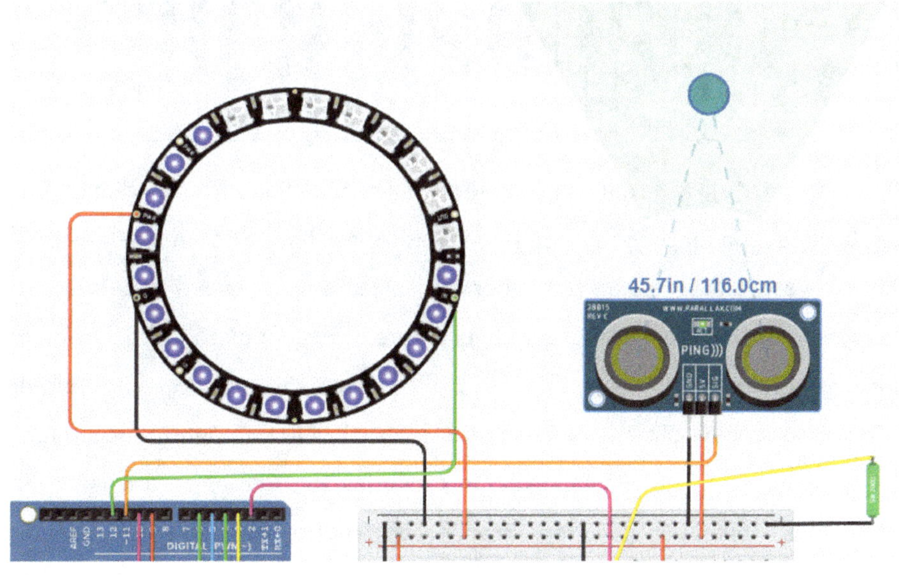

45.7in / 116.0cm
WWW.PARALLAX.COM
PING)))

8 Proyecto 5 | Mini Piano

En este proyecto queremos reproducir algunas teclas de un teclado de piano. Para ello, utilizamos seis sensores de fuerza que representan las teclas C4, D4, E4, F4, G4 y A4 de un teclado de piano. También utilizamos seis zumbadores piezoeléctricos, cada uno de los cuales es responsable de una de las teclas.

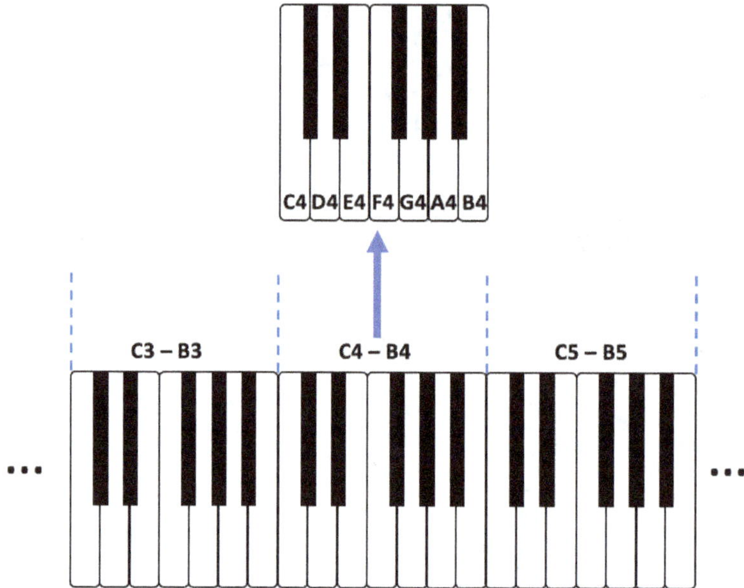

Dependiendo de la tecla que se pulse, se producirá el sonido correspondiente. Esto también debería funcionar si se pulsan varias teclas al mismo tiempo. Por eso, en este proyecto utilizamos un zumbador piezoeléctrico para cada tecla. Para cada tono, tenemos que controlar el correspondiente zumbador piezoeléctrico con una frecuencia diferente. Por ejemplo, el tono A4, también conocido como tono de afinación o tono de cámara, tiene una frecuencia de 440 Hz, mientras que el tono C4 tiene unos 262 Hz. En la siguiente tabla, las frecuencias se asignan a los respectivos tonos. En la programación de bloques en Tinkercad también necesitamos un código determinado para el tono respectivo. Estos también figuran en la tabla. En la programación basada en texto, por cierto, podríamos utilizar simplemente la frecuencia normal.

Sonido	Frecuencia [Hz]	Código Tinkercad
C4	262	48
D4	294	50
E4	330	52
F4	349	53
G4	392	55
A4	440	57

Cuando se pulsa un "botón" (es decir, el sensor de fuerza mide una fuerza), el LED correspondiente del botón también debe encenderse y permanecer encendido hasta que se suelte de nuevo el botón.

8.1 Componentes necesarios

Enlace al proyecto Tinkercad: https://bit.ly/3apcY8D

Número	Designación
1	Arduino Uno
1	Tablero de pruebas (Breadboard small)
6	Zumbador piezoeléctrico (Piezo)
6	Sensor de fuerza (force sensor)
6	LED (azul)
6	Resistencia de 1 kΩ para sensores de fuerza
6	Resistencia de 1 kΩ para los LEDs

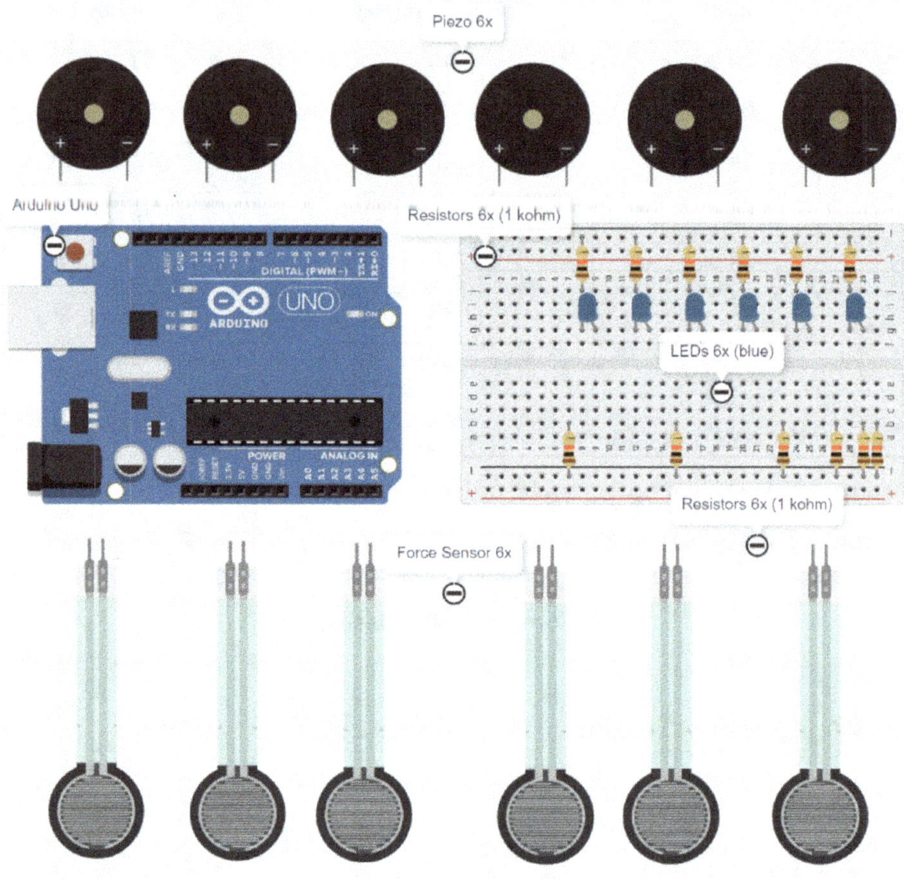

8.2 El diseño del circuito

Antes de empezar a cablear nuestros componentes, veamos de nuevo la vista esquemática del diagrama del circuito requerido.

Esquema del circuito:

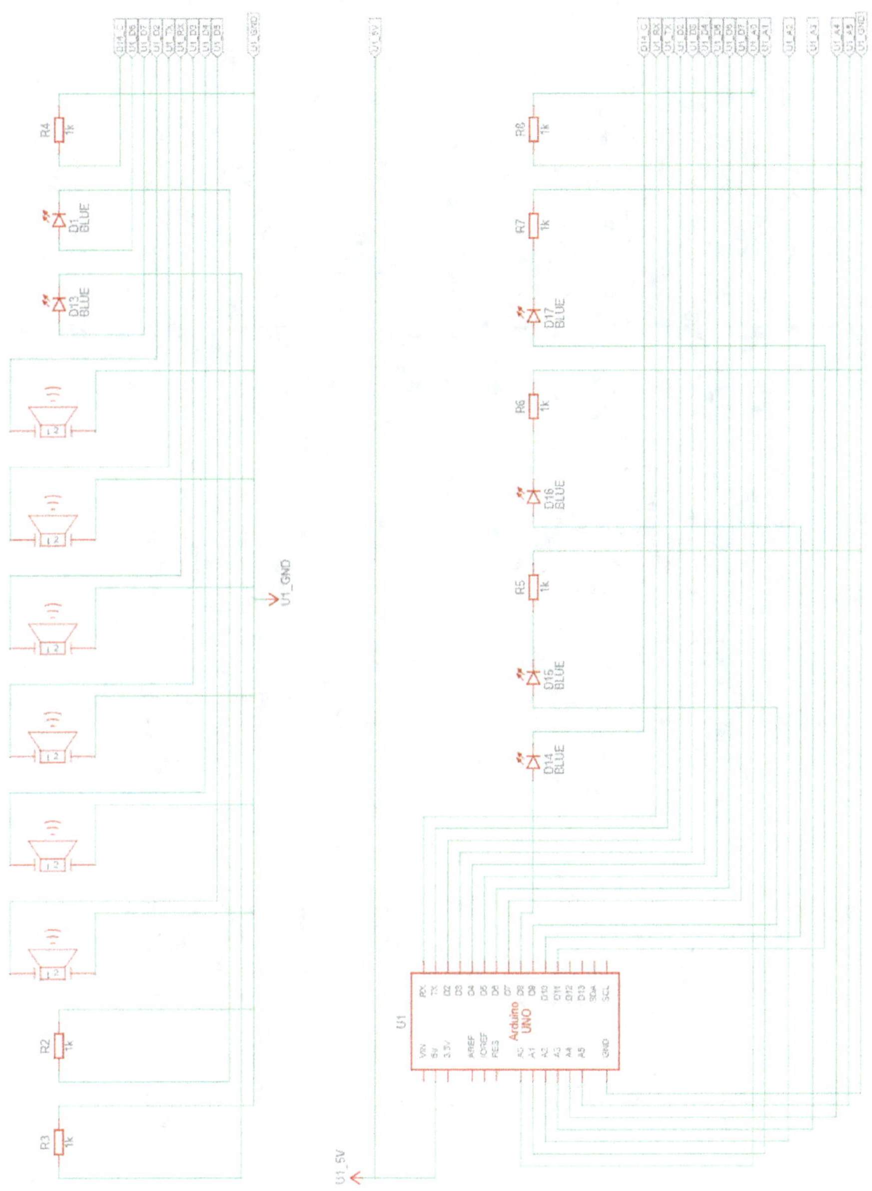

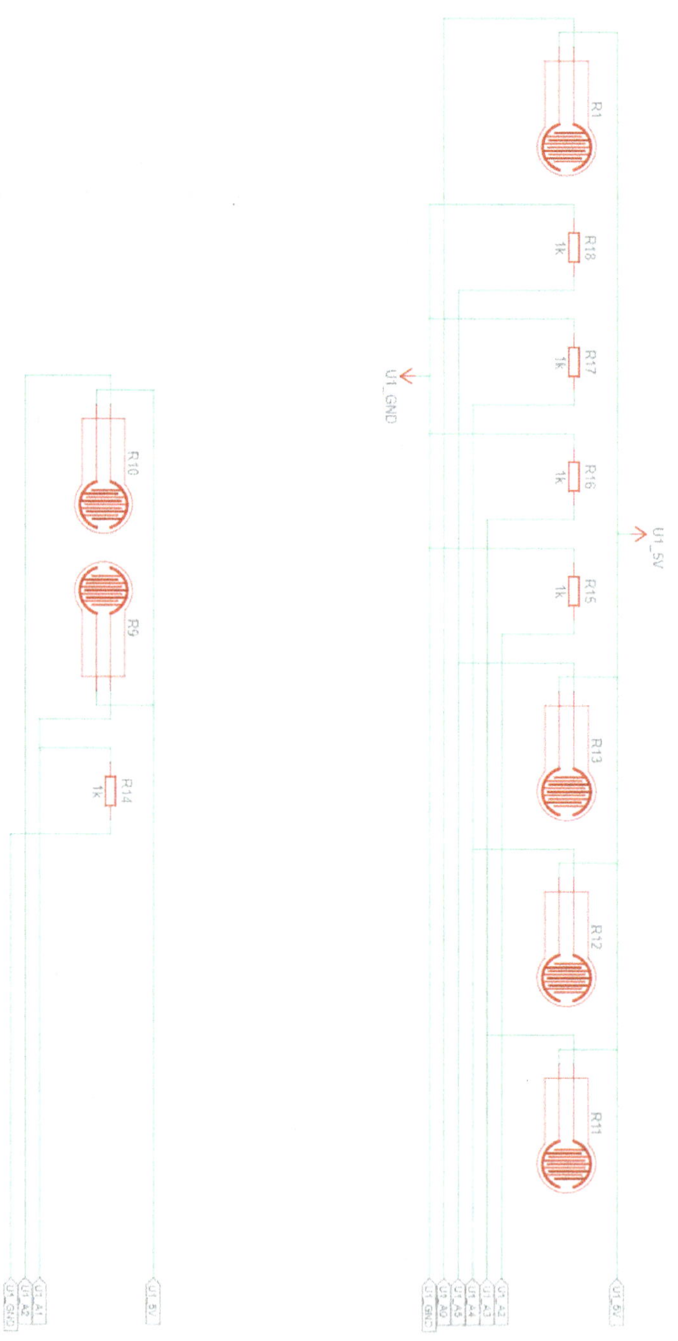
R1
R18
1k
R17
1k
U1_GND
R16
1k
U1_5V
R15
1k
R13
R12
R11
R10
R9
R14
1k
U1_A2
U1_A1
U1_GND
U1_5V
U1_GND
U1_A0
U1_A3
U1_A4
U1_A1
U1_5V

Comenzamos el cableado como siempre, con la protoboard como punto de partida en el centro del circuito y el Arduino a la izquierda. Equipamos nuestra protoboard con los LEDs y las resistencias como se muestra. También alimentamos la protoboard con energía a través del Arduino ("GND" y "5V"). También conectamos de nuevo las líneas de alimentación superior e inferior de la protoboard, como es habitual. Por último, añadimos unos cables negros muy cortos que luego se utilizarán para conectar los componentes.

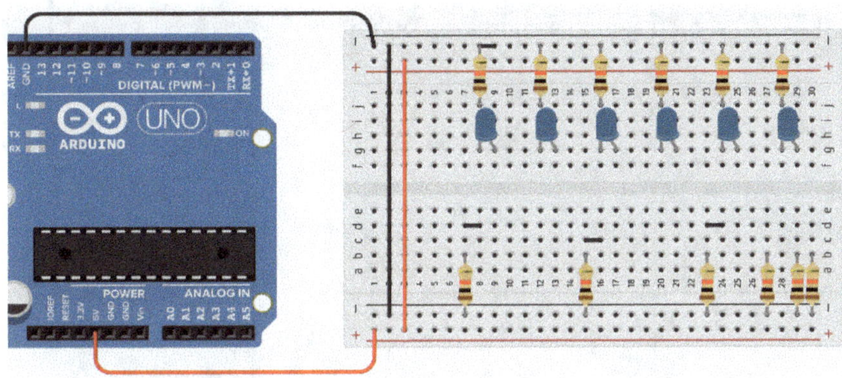

A continuación, queremos conectar los LEDs. Como ya tienen una conexión del cátodo a "-" a través de las resistencias, sólo necesitamos una conexión del ánodo a la placa Arduino. Es mejor que lo pruebes tú mismo antes de continuar aquí (pines 6, 7, 8, 9, 10, 11 de Arduino).

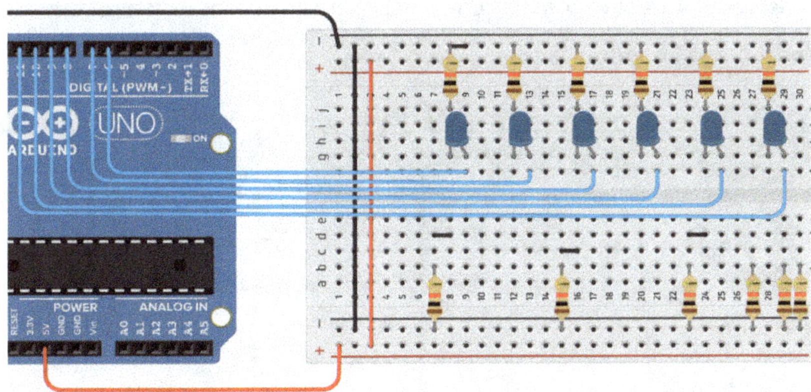

Luego nos encargamos de conectar los sensores de fuerza. Para ello, primero conectamos un cable rojo y otro negro de los sensores de fuerza a la protoboard para asegurar la alimentación de los sensores.

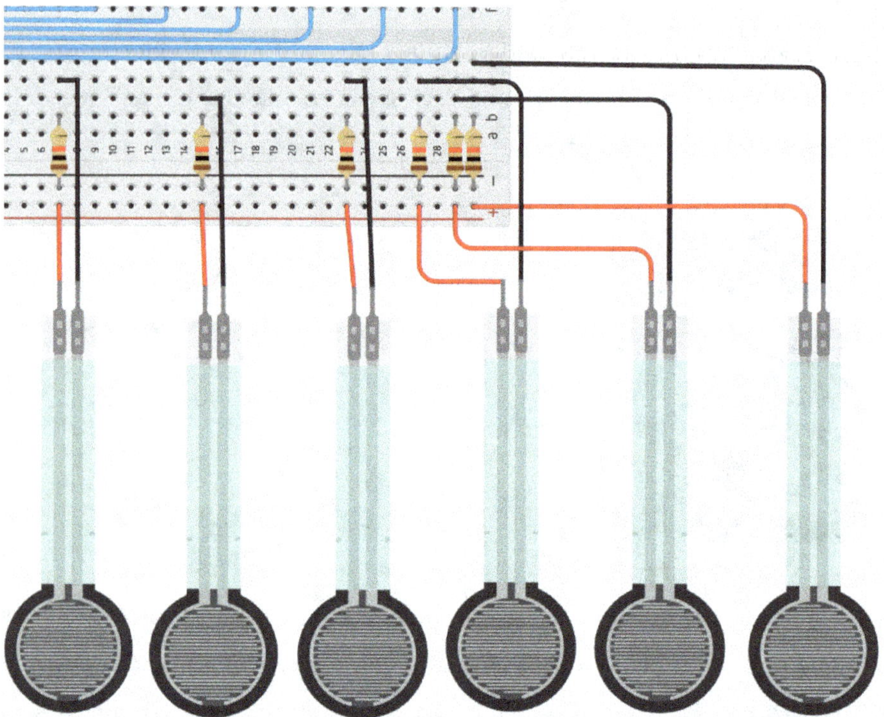

Ahora seguimos necesitando las líneas de datos (verdes), que conectamos desde los sensores de fuerza (punto de conexión por encima de las resistencias mediante las líneas "+") a las entradas analógicas A0 - A5.

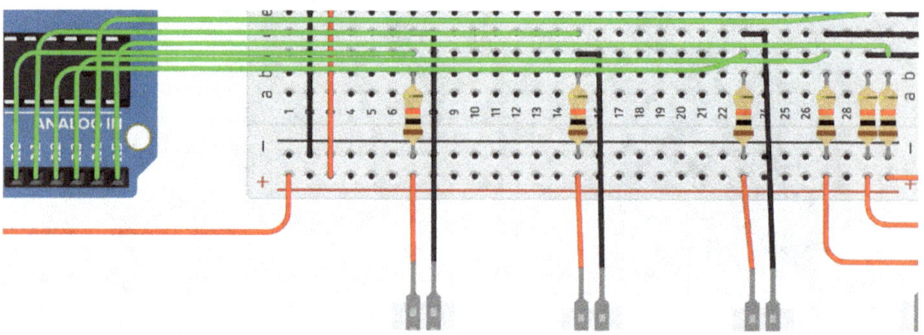

Por último, tenemos que conectar nuestros zumbadores piezoeléctricos. Para ello, primero conectamos los cables negros del polo "-" de los zumbadores piezoeléctricos a la línea de alimentación "-" de la protoboard.

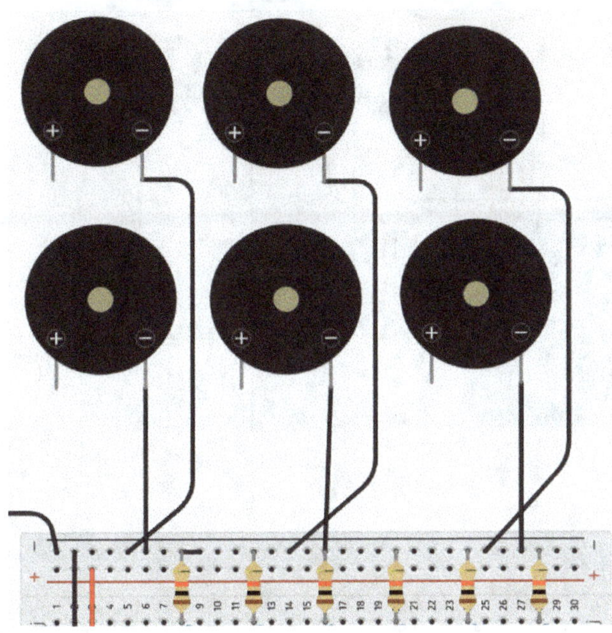

Para poder controlar los zumbadores piezoeléctricos, conectamos líneas naranjas desde el polo "+" de los zumbadores piezoeléctricos a los pines digitales 0, 1, 2, 3, 4 y 5.

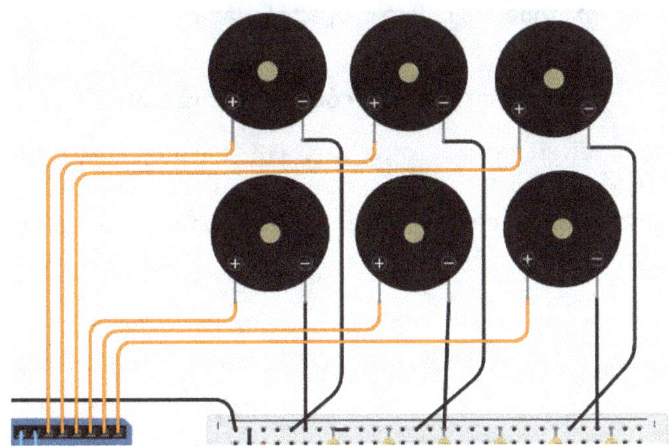

Esquema eléctrico completo:

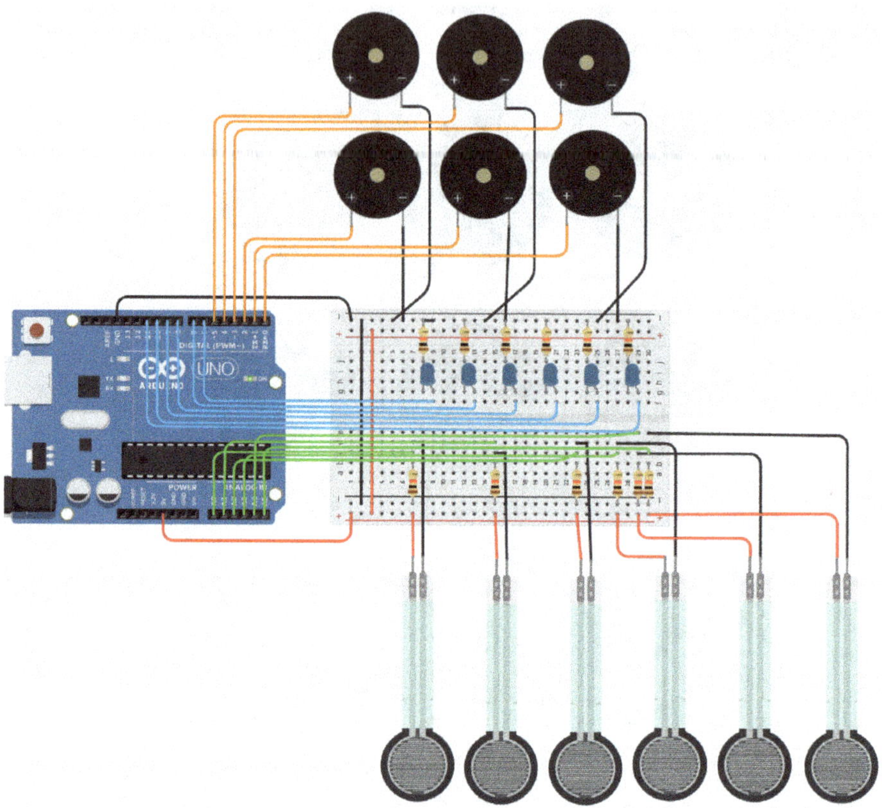

¡Genial! ¡Ahora hemos conectado con éxito todos los componentes y podemos empezar a programar nuestro último proyecto! ¡Vamos!

8.3 Desarrollo del código del programa

En este capítulo, volveremos a recorrer paso a paso la programación necesaria.

Primero puedes intentar crear la programación completa del proyecto por tu cuenta. Utiliza la misma estructura que en los proyectos anteriores. Utiliza también la tabla con las frecuencias y los códigos de "tono" de Tinkercad que se muestran arriba. A continuación encontrarás la solución.

Paso 1:

En el primer paso, empezamos -como siempre- con el bloque de título opcional (que se encuentra en la categoría "Notation") y la descripción: "mini piano". Como no necesitamos ningún comando que sólo se ejecute al inicio, podemos añadir un bloque "on start" vacío. Por supuesto, también podríamos simplemente omitir esto.

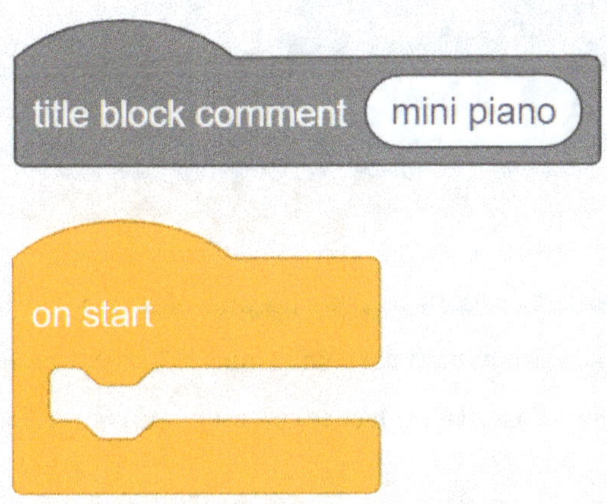

Paso 2:

En el segundo paso, empezamos aquí directamente con el bloque "forever", que ejecuta nuestro código en un bucle. Para el primer tono que debe sonar en el piezo nº 1 (conexión al pin 0 del Arduino), utilizamos una condición if-else que dice lo siguiente: Si el valor de lectura del sensor de fuerza (conexión: pin A0) es mayor que el valor umbral 70, entonces por un lado el pin 6 debe recibir el valor "HIGH" (el LED debe encenderse) y por otro lado el piezo debe reproducir el tono C4 con el código de "tono" 48 de Tinkercad (frecuencia: 262 Hz). Comenzamos aquí con las teclas del piano de la izquierda (tecla C4 del piano) y luego nos dirigimos paso a paso hacia la derecha hasta la tecla A4 del piano.

Sonido	Frecuencia [Hz]	Código Tinkercad
C4	262	48

Entonces, esto se ve así:

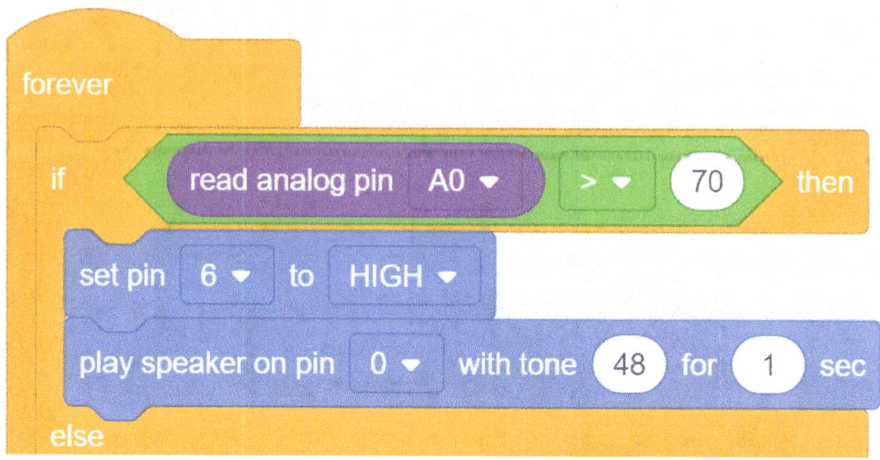

Ahora necesitamos el código para el caso de que el sensor de fuerza envíe al Arduino un valor medido por debajo del valor umbral 70 (el botón no está pulsado ni liberado). Implementamos este código directamente en la sección "else":

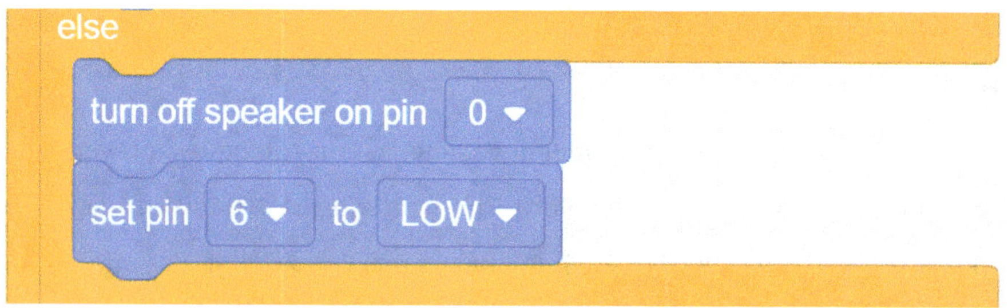

El altavoz de la patilla 0 se apaga y el LED correspondiente también se apaga.

Paso 3:

Ahora tenemos que repetir el paso 2 para todos los sensores de fuerza o zumbadores piezoeléctricos. Aquí básicamente sólo tenemos que cambiar las conexiones respectivas (sensor de fuerza, piezoeléctrico, LED), así como el código de "tono" de Tinkercad, según el tono. Añadimos los bloques de código directamente debajo de los anteriores. La estructura sigue siendo idéntica. Para el segundo tono D4, sería así:

Sonido	Frecuencia [Hz]	Código Tinkercad
D4	294	50

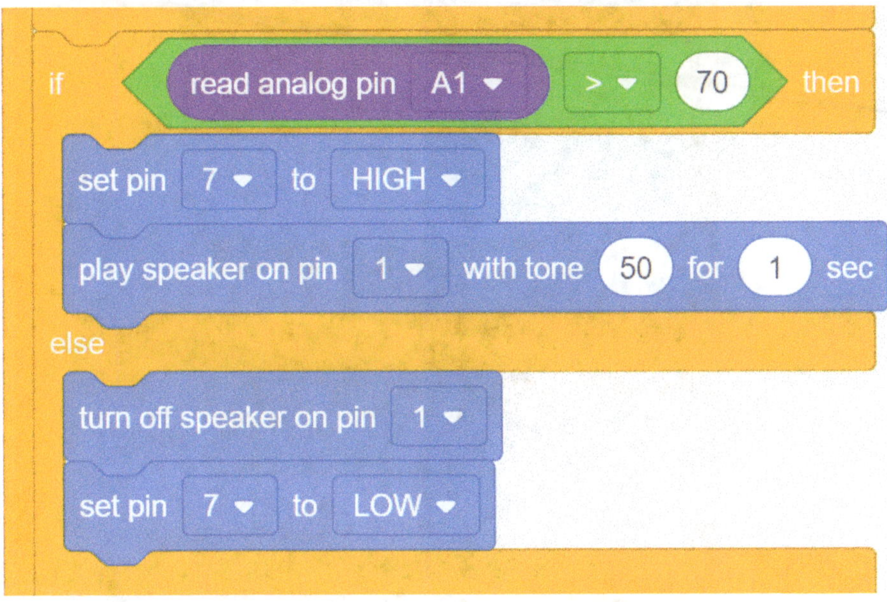

Paso 4:

Ahora faltan las cuatro teclas restantes con los siguientes tonos:

Sonido	Frecuencia [Hz]	Código Tinkercad
E4	330	52
F4	349	53
G4	392	55
A4	440	57

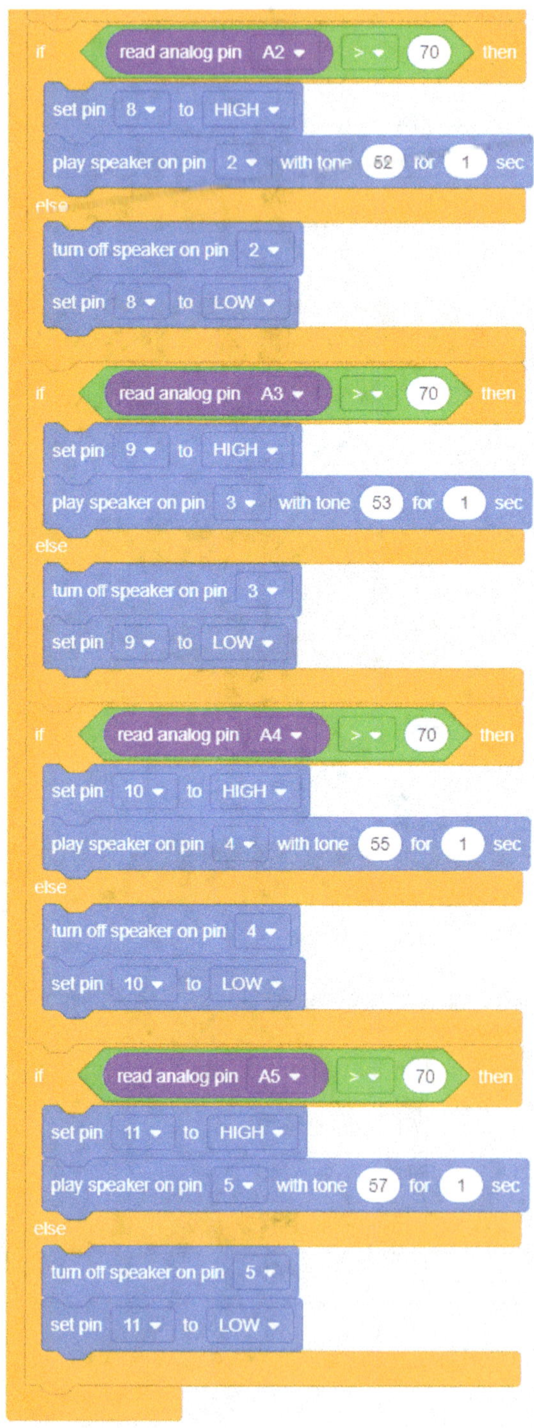

if read analog pin A2 > 70 then
set pin 8 to HIGH
play speaker on pin 2 with tone 52 for 1 sec
else
turn off speaker on pin 2
set pin 8 to LOW
if read analog pin A3 > 70 then
set pin 9 to HIGH
play speaker on pin 3 with tone 53 for 1 sec
else
turn off speaker on pin 3
set pin 9 to LOW
if read analog pin A4 > 70 then
set pin 10 to HIGH
play speaker on pin 4 with tone 55 for 1 sec
else
turn off speaker on pin 4
set pin 10 to LOW
if read analog pin A5 > 70 then
set pin 11 to HIGH
play speaker on pin 5 with tone 57 for 1 sec
else
turn off speaker on pin 5
set pin 11 to LOW

Código completo del programa:

```
title-block comment  mini piano

on start

forever
  if  read analog pin  A0  >  70  then
    set pin  6  to  HIGH
    play speaker on pin  0  with tone  48  for  1  sec
  else
    turn off speaker on pin  0
    set pin  6  to  LOW

  if  read analog pin  A1  >  70  then
    set pin  7  to  HIGH
    play speaker on pin  1  with tone  50  for  1  sec
  else
    turn off speaker on pin  1
    set pin  7  to  LOW

  if  read analog pin  A2  >  70  then
    set pin  8  to  HIGH
    play speaker on pin  2  with tone  52  for  1  sec
  else
    turn off speaker on pin  2
    set pin  8  to  LOW

  if  read analog pin  A3  >  70  then
    set pin  9  to  HIGH
    play speaker on pin  3  with tone  53  for  1  sec
  else
    turn off speaker on pin  3
    set pin  9  to  LOW

  if  read analog pin  A4  >  70  then
    set pin  10  to  HIGH
    play speaker on pin  4  with tone  55  for  1  sec
  else
    turn off speaker on pin  4
    set pin  10  to  LOW

  if  read analog pin  A5  >  70  then
    set pin  11  to  HIGH
    play speaker on pin  5  with tone  57  for  1  sec
  else
    turn off speaker on pin  5
    set pin  11  to  LOW
```

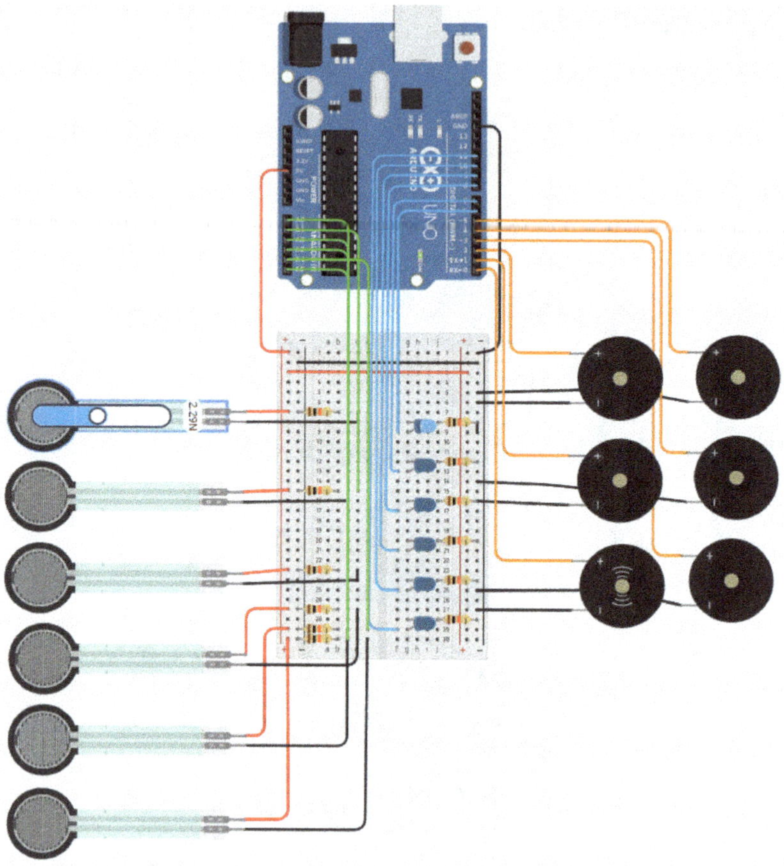

¡Perfecto! Ahora también hemos completado con éxito este proyecto. ¡Podemos estar orgullosos de nosotros mismos! Tal vez incluso lo hayas conseguido parcial o totalmente por tu cuenta. ¡Entonces tienes todo el derecho a estar orgulloso de ti mismo! Asegúrate de echar un vistazo a las siguientes páginas si no sólo te interesa el Arduino, sino también otros temas técnicos.

Palabras finales

¡Excelente!

Lo has hecho, has trabajado en los proyectos. ¡Es un logro muy bueno!

En este libro, he intentado enseñarte a crear esquemas electrónicos y a programar un Arduino utilizando el software Tinkercad mediante proyectos de bricolaje avanzados y prácticos. Espero haber podido fomentar tu entusiasmo por la electrónica y la programación. Debe ser un libro que cree una comprensión de los conocimientos teóricos de base y de la aplicación práctica.

¡Juntos hemos conseguido mucho en este curso! Puedes estar justificadamente orgulloso de ti mismo si has llegado hasta aquí.

Si te ha gustado este libro, me encantaría que me dejaras una valoración y un breve comentario y que recomendaras el libro a otras personas. Esto también ayudará a otras personas que busquen un libro práctico como éste.

Asegúrate de echar un vistazo a las siguientes páginas. Aquí encontrarás libros sobre temas similares, los respectivos libros predecesores de esta serie de libros, así como un libro sobre ingeniería eléctrica y Tinkercad en general. Estos libros son ideales para una introducción aún más detallada a los respectivos temas. ¡Consigue tus copias ahora!

Muchas gracias.

Libros sobre temas que también podrían gustarte

Todos los libros están disponibles en línea en las plataformas de venta habituales. Lo mejor es que busques el título o que visites mi página de autor. Es posible que algunos de los libros no se hayan publicado todavía y que se publiquen o se encuentren pronto. Echa un vistazo a los libros que elijas y llévatelos a casa como llbros electrónicos o de bolsillo.

Impresión en 3D:

CAD, FEM, CAM (creación de objetos 3D, diseño, simulación):

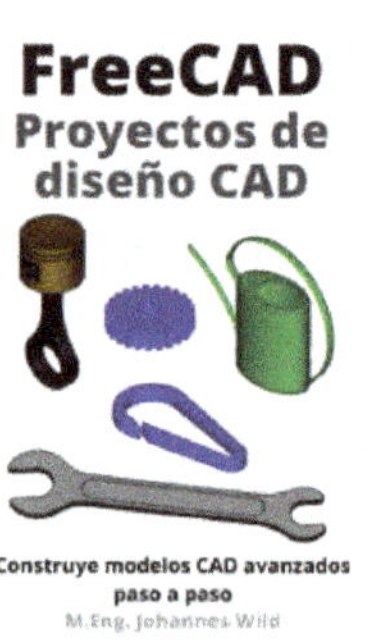

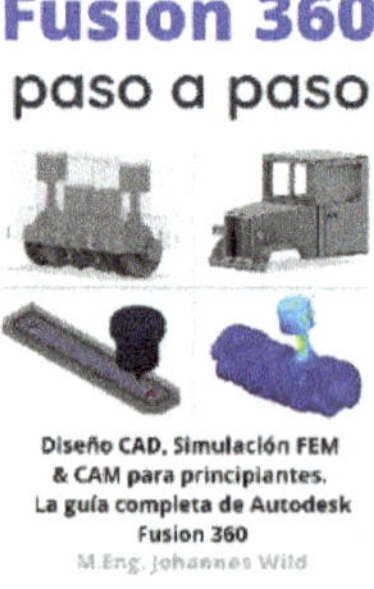

Ingeniería eléctrica:

Programación y otros programas:

También hay cursos de vídeo idénticos para algunos de estos libros:

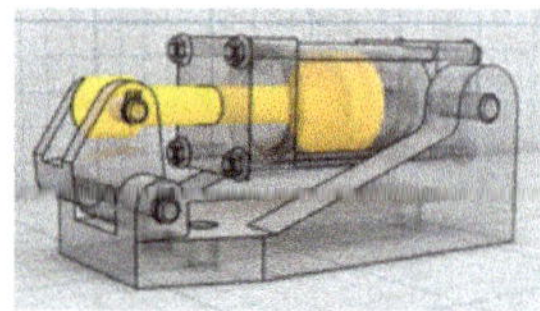

CAD Schritt für Schritt | KONSTRUKTION FÜR EINSTEIGER
Der ANFÄNGER PRAXISGUIDE zum Erstellen von 3D-Objekten mit KOSTENLOSER CAD SOFTWARE für den 3D-Druck und vieles mehr!
M.Eng. Johannes Wild
4,5 ★★★★☆ (30)
1,5 Std. gesamt • 15 Lektionen • Anfänger
Bestseller

Fusion 360 Schritt für Schritt | CAD, FEM & CAM für Anfänger
Der Praxisguide für AUTODESK FUSION 360! Konstruktion, Simulation, Fertigung und mehr von einem Ingenieur lernen.
M.Eng. Johannes Wild
4,3 ★★★★☆ (20)
3,5 Std. gesamt • 24 Lektionen • Anfänger

3D-Druck Schritt für Schritt | Hard- & Software All-in-One
Der Praxisguide für Einsteiger. Einfach erklärt für einen Sofort-Start in die Welt des 3D-Drucks! | 2020 Version |
M.Eng. Johannes Wild
4,0 ★★★★☆ (48)
1,5 Std. gesamt • 20 Lektionen • Anfänger

...

Para la compra tienes la posibilidad de elegir entre mi propia página web:

www.3ddruckworkshop.de

Con el siguiente código de descuento personal recibirás un 50% de descuento sobre el precio de compra habitual de los cursos de vídeo aquí como agradecimiento y comprador de uno de mis libros:

XPJN8765BSH

o la plataforma de aprendizaje "Udemy":

Busca mi nombre en www.udemy.com: Ingeniero. Johannes Wild o utiliza el siguiente enlace:

www.udemy.com/courses/search/?src=ukw&q=m.eng.+johannes+wild

¡Inscríbete hoy y profundiza en tus conocimientos!

Marca del autor/editor

© 2023

**Johannes Wild
c/o RA Matutis
Calle Berlín 57
14467 Potsdam
Alemania**

Correo electrónico: 3dtech@gmx.de

¡Contacta preferentemente por correo electrónico!

Esta obra está protegida por derechos de autor